동해,
바다의
미래를 묻다

동해, 바다의 미래를 묻다

과학이 말하는 동해의 가치와 미래

남성현 · 김윤배 지음

이담
Books

프롤로그

"동해물과 백두산이……"라는 애국가 가사에서부터 첫 단어로 시작하는 동해. 한반도와 일본열도 그리고 연해주 및 사할린으로 둘러싸인 이 바다는 호칭부터가 논쟁거리다. 대한민국에서는 '동해(東海)', 조선민주주의인민공화국에서는 '조선동해(朝鮮東海)', 일본에서는 '니혼카이(日本海)', 러시아에서는 '야폰스코예 모례(Японское море, 일본해)'로 부르고 있으며, 한국과 일본 양측의 주장이 첨예하게 대립하여 양국의 국민들 사이에서도 뜨거운 관심을 받으며 종종 사회적 이슈가 되기도 한다. 더구나 영문 표기 시에 '동해(East Sea)' 대신 '한국해(Sea of Korea)'로 표기하는 방안에 대해서까지 논의가 있다. 그런데 동해가 아무리 우리 바다라고 외쳐봐야 동해가 처한 현재 환경이 어떠하고 그 속에서 무슨 일이 일어났으며 또 계속해서 일어나고 있는지, 앞으로는 어떤 일이 이곳에서 일어날 것인지 전혀 알고 있지 못하다면 무슨 소용이 있단 말인가?

명칭보다도 더욱 중요한 것은 '과연 동해를 누가 더 잘 알고 이해하며, 더욱 잘 활용하여 동해와 더불어 그 장래를 개척할 수 있겠는가' 하는 문제일 것이다. 그러나 안타깝게도 정작 동해에 대해 얼마나 알고 있는가를 생각해 보면, 아직 우리는 이제 막 걸음마를 뗀 수준에 있음을 느끼게 된다. 그나마 밝혀낸 주요 과학적 연구결과조차도 어려운 여건하에서 호기심과 도전정신으로 여러 선구적인 해양학자들이 비교적 최근에서야 새롭게 발견해낸 것들이다. 오랜 노력의 결실로 이제는 동해 연구를 주도하는 단계에까지도 이르렀다고 볼 수 있는 상태이다. 그런데 이렇게 어렵게 일궈낸 동해의 해양 과학적 유산을 많은 국민들이 잘 접하지 못하고 있다는 사실은 참으로 안타까운 일이다. 숨어 있던 동해의 과학적 발견들을 더 많은 사람들에게 소개함으로써 향후 동해를 더 잘 알고 더 잘 활용하려는 시도들을 보기 바라는 마음으로 부족한 능력에도 불구하고 이 책을 쓰게 되었다.

자료수집 과정에서 직간접적으로 많은 분의 도움을 받았다. 이 책이 세상에 나올 수 있도록 현장에서 동해를 연구하고 계신 모든 해양과학자들께 깊이 감사드린다.

2013년 1월

남성현 · 김윤배

Contents •••

풍경이 아닌
탐구의 대상 동해

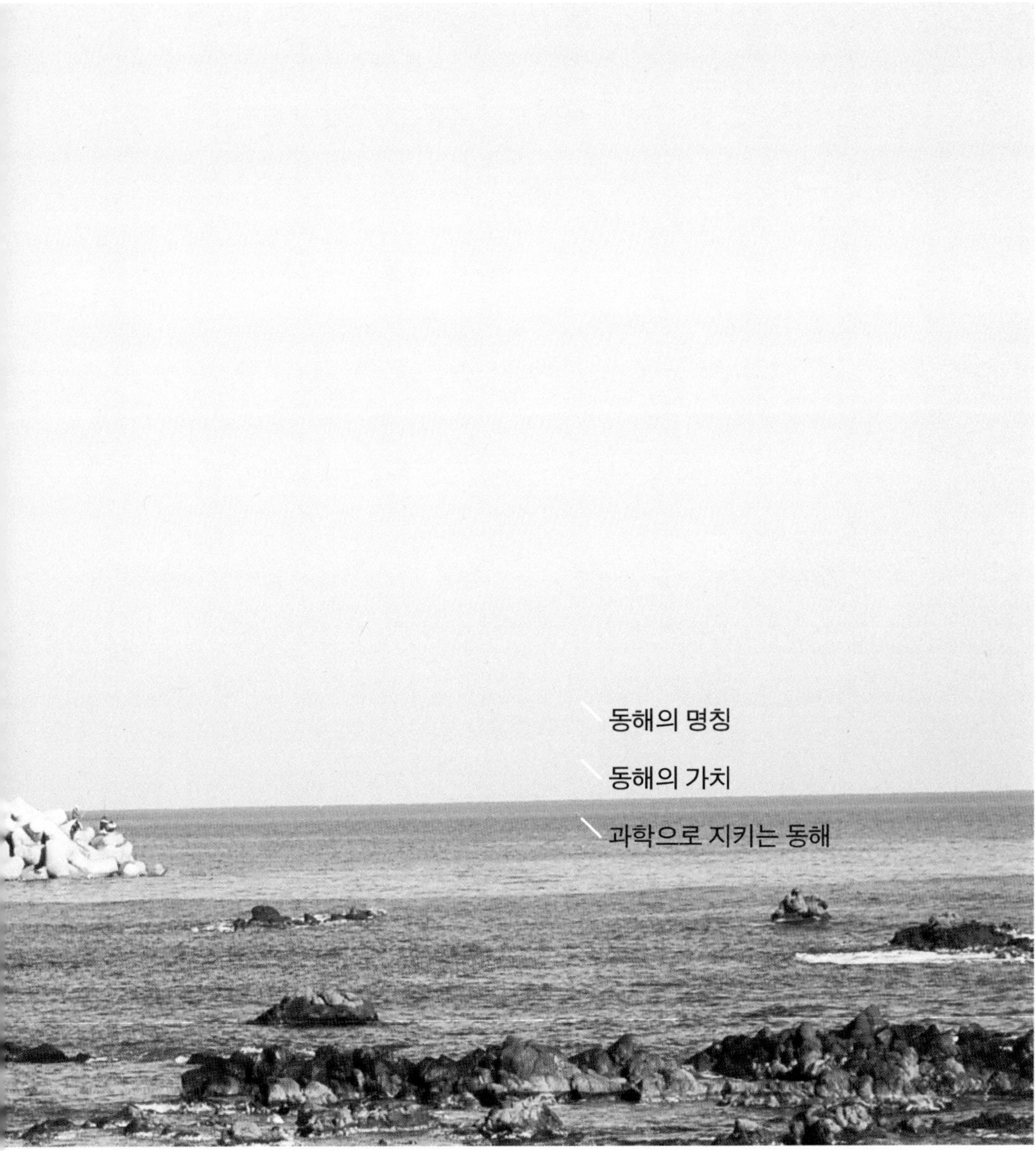

동해의 명칭

동해의 가치

과학으로 지키는 동해

Part 1. 풍경이 아닌 탐구의 대상 동해

"동해물과 백두산이······"로 시작하는 대한민국 애국가. 그런데 과연 우리는 동해에 대해 얼마나 잘 알고 있는가. 본격적으로 동해를 활용하기 위해서는 먼저 동해에 대해 제대로 '알아야' 할 필요가 있다. 동해는 막연한 동경의 대상이나 뜨거운 태양 아래 모래 위를 뛰놀다가 보게 되는 파도와 일출을 바라보는 낭만의 대상만은 아니다. 두렵고 신비한 미지의 대상은 더더욱 아니다. 동해를 존재하는 '풍경'으로서만이 아닌 '탐구'의 대상으로 여기고, 그 속에서 일어나고 있는 현상들을 이해함으로써 궁극적으로는 동해를 잘 활용하는 그 주인의 자리에 서게 될 것이다.

오늘날의 첨단과학기술은 그동안 우주보다도 접근이 어려웠던 바다에 대한 접근성을 크게 높이고 있으며 머지않은 장래에 바다를 본격적으로 활용하는 '바다의 시대 도래'를 전망케 하고 있다. 그러나 제대로 된 이해 없이 무모하게 개발에 뛰어들었다가는 불행한 결과를 가져올 것이 자명하다. 동해도 예외일 수 없다. 아니, 오히려 그 최전방에 있다고 하는 편이 더 적절할 것이다. 해양관측 기술의 비약적 발전과 함께 '동해에 취한' 선구적인 과학자들의 노력으로 동해에서는 최근 10~20여 년간 비약적으로 많은 새로운 발견들이 이루어질 수 있었다. 그것은 바로 동해를 '풍경'이 아닌 '탐구'의 대상으로 인식하고 열정을 바쳐 동해를 제대로 '알아내고자' 흘린 수많은 땀방울들의 필연적 결과인 것이다. 이러한 노력들이 존중되지 않고 자칫 성급한 개발로 동해를 훼손한다면 그 손실은 이루 말할 수 없이 클 것이다. 청정 동해의 꿈은 '바다의 시대'에도 지속하고 유지되어야 할 가치이며, 미래세대로부터 빌려온 소중한 자산이기 때문이다.

여기서는 동해의 명칭 문제부터 시작하여 동해의 무한한 가치와 가능성, 그리고 나아가 과학적 노력과 경영으로 진정한 동해의 주인이 되는 길에 대해 알아보기로 한다.

동해의 명칭

명칭부터가 논쟁거리인 동해. 최근 언론을 통해 좋은 소식과 나쁜 소식을 동시에 접하게 되었다. 먼저 나쁜 소식은 올해도 어김없이 독도를 일본의 '고유 영토'라고 기술한 일본 방위백서가 발표되고, 한국 정부와 언론은 이에 강력히 항의하는 낯익은 광경이 펼쳐지고 있다는 점이다. 2005년 방위백서에서 "일본 고유 영토인 북방 영토 및 다케시마 문제가 여전히 미해결인 상태로 존재하고 있다"고 기술한 이래 이번에 발표한 2012년 일본 방위백서까지 8년째 바꾸지 않고 유지하고 있는 내용이라는 것이다. 반면 좋은 소식은 프랑스 아틀라스 출판사의 『아틀라스 세계지도책』 2012년 판에 동해가 '일본해(MER DU JAPON)'와 '동해(MER DE L'EST)'의 두 가지로 표시되었다는 것이다. 이 『아틀라스 세계지도책』은 분량이 407쪽에 달하는 대형 지도책으로, 미국 내셔널 지오그래픽이 펴내는 세계지도책과 함께 가장 권위 있는 정밀 지도책으로 꼽히고 있어 더욱 주목할 만한 소식이다. 그동안 캐나다의 한 지도회사가 동해를 '동해'로만 기재했다는 등 간간히 좋은 소식이 들려오기는 했지만 이처럼 세계적인 대형 정밀지도책에 동해와 일본해가 대등하게 표기된 적은 없었다. 한국 정부는 사실 지난 수십년간 굳이 '내 아내'를 거듭 강조해서 '내 아내'라고 주장할 필요가 있겠느냐는 논리에 따라 독도 문제에 대해 조용히 대응하며, 일본의 독도영유권 주장을 일부 우익집단의 주장 정도로 치부해온 경향이 없지 않았다. 이런 면에서 이번 프랑스 아틀라스 출판사의 동해 병기는 매우 고무적인 사건

임에 틀림없어 보인다.

사실 국제사회에서 동해는 그동안 곧 '일본해'라고 해도 과언이 아닐 정도로 일본해 표기가 대세였다. 일본강점기였던 1929년 국제수로기구 (IHO, International Hydrographic Organization)에서는 동해를 '일본해'로 공식 표기하기도 하였다. 그러나 정부와 민간단체, 학계의 지속적인 노력에 힘입어 '동해 · 일본해'를 병기하는 사례가 늘고 있다. 특히 민간단체 반크 (Vank)의 활약은 눈부시다. 이번 프랑스 아틀라스 출판사의 동해 병기표기는 그러한 노력의 결과임에 분명하다. 뿐만 아니라 이 지도에는 독도 역시 'DOKDO · TAKESHIMA'로 병기되어 있는데(그림 1-1, 붉은 원 표시), 주석에서 "1954년 이래 한국이 지배하고 있으며 일본이 영유권을 주장하고 있다"[1]고 설명함으로써 대한민국의 독도영토주권을 지지하고 있다. 그러나 여전히 해결해야 할 과제들이 산적해 있다. 지난 2012년 4월, 우리 정부에서는 IHO 총회에서 그동안 '일본해'로 단독표기 되어왔던 국제표준해도집인 『대양과 바다의 경계』 4차 개정판에서 동해 표기를 병기하려고 노력했지만, 일본 측의 강력한 반발에 밀려 결국 5년 뒤로 결정을 미뤄야 했다.

아마도 아틀라스 세계지도책의 동해 병기는 오래도록 국제사회에서 잃어버려온 이름을 되찾으려고 그동안 들인 노력들이 열매를 맺어 가는 하나의 예일지도 모른다. 2010년에는 타이완 교육부 직속 교과서 편찬기구인 국립편역관이 '독도'와 '동해'라는 명칭을 '죽도'와 '일본해'와 함께 교과서에 병기하기로 결정했고, 외국지명번역심의위원회는 독도와 중립적인 표현인 리앙쿠르암, 그리고 동해라는 명칭을 죽도와 일본해라는 명칭과 함

---

1   프랑스 리옹 3대학 이진명 교수 제공, 7월 24일자 연합뉴스(hongtae@yna.co.kr).

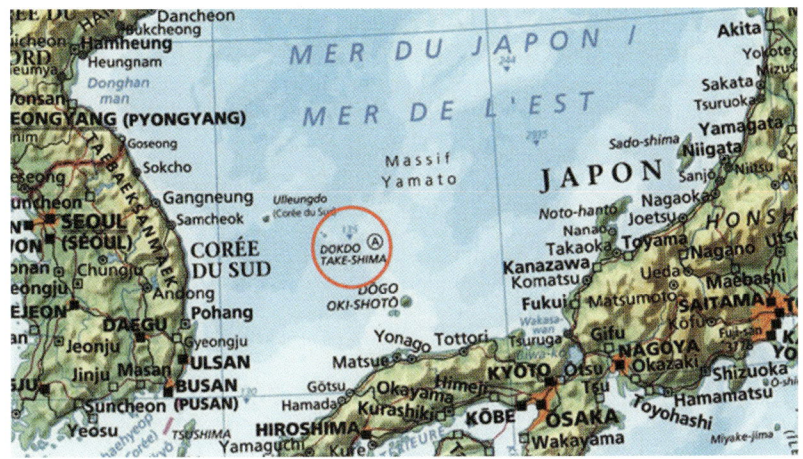

그림 1-1 프랑스 아틀라스 출판사의 2012년 판 세계지도책 중 동해와 일본해를 대등하게 표시한 지도.
붉은 원으로 표시한 부분은 독도(다케시마)를 나타낸 부분

[출처: 7월 24일자 연합뉴스 "프랑스 아틀라스 세계지도에 '동해-일본해' 대등 병기", 프랑스 리옹 3대학 이진명 교수 제공]

께 중국어와 영문으로 표기하기로 한 바 있다. 이에 따라 죽도, 일본해
가 절대 다수였던 타이완 교과서에도 독도와 동해가 나란히 표기될 수
있게 되었다고 한다. 또 타이베이 주재 한국대표부에서 국립편역관과
타이완 내 주요 출판사에 그동안 요청해온 독도와 동해의 병기가 완료
되는 등 독도와 동해 표기가 계속해서 늘어나고 있는 것으로 보인다.

동해와 관련하여 또 하나 짚고 넘어가야 할 부분이 있다. 동해의 지리적
범위에 관한 문제이다. 앞서 언급한 국제수로기구(IHO)가 1953년에 개정
한 『대양과 바다의 경계』(3판)에 따르면, 동해의 지리적 범위는 한국, 러시
아, 일본에 의해 둘러싸여 있는 바다 외에도 대한해협, 남해, 심지어는 제
주도 서쪽 해역까지 '일본해'라는 이름으로 동해의 영역에 포함되어 있다.
즉, 국제수로기구 언급에 따르면 제주도 바다까지 일본해로 표기되고 있
는 셈이다. 우리 정부에서 비록 동해 병기를 위해 외교적 노력을 기울이고

있는 것은 사실이지만, 대단히 아쉽게도 동해의 지리적 범위에 대해서는 통일된 정의가 있지 않고 각 기관마다 제각각이다. 대표적으로 국립수산과학원에서 발행한 『한국해양편람』에 따르면 울산광역시에 위치한 울기등대를 동해의 기점으로 하고 있다. 울기등대는 1906년에 점등한 우리나라 동해안 최초의 등대로서 국립수산과학원의 동해 기점 결정에 영향을 준 것으로 고려된다. 반면에 기상청 예보업무규정에 따르면 부산광역시와 울산광역시의 해양경계점을 기준으로 동해와 남해를 구분하고 있다. 기상청의 기준은 국립수산과학원의 기준보다 약 22km 남쪽에 자리 잡고 있다. 국립해양조사원은 자체적으로 동해안수로지를 발행하면서 부산광역시 해운대구에 위치한 고두말(달맞이 고개)을 기준으로 하였다. 국내 대표적인 기관들이 모두 동해의 지리적 범위가 다른 셈이다. 이처럼 동해의 지리적 범위가 어디서부터 어디까지인지 우리 내부에서도 명확한 정의가 없는 셈이니 이것부터 통일하는 것이 올바른 순서일 것이다.

동해를 포함한 세계의 바다를 연구하고 있는 해양과학자들은 동해 명칭에 대하여 어떻게 생각하고 있을까. 다행스럽게도 미국과 유럽의 많은 해양과학자들은 동해를 부를 때 동해(East Sea)라는 이름을 일본해(Japan Sea 혹은 Sea of Japan)와 함께 사용하고 있다. 또는 JES(Japan · East Sea)로 사용하기도 한다. 심지어 일본의 학술지에도 동해 · 일본해를 병기하는 표기가 등장하는 등 학계에서도 일본해라는 단독표기 대신 일본해와 동해의 병기 혹은 동해 단독표기가 크게 늘어나는 추세에 있다(그림 1-2). 국제사회에서 오랫동안 한국과 일본의 해양과학 연구수준 차이 등으로 인해 지난 1980년대까지만 하더라도 일본해 단독표기 논문이 단연 압도적으로 많았던 것이 사실이었다. 그러나 1990년대에 들어서면서부터는 동해 · 일본해 병기표기가 점점 늘어나다가 드디어 2000년대에는 동해 · 일본해 병기표기 혹은 동해 단독표기가 일본해 단독표기에 비해 월등히 많아지고 있다(그림 1-2).

"과학에는 국경이 없지만 과학자에게는 조국이 있다"는 파스퇴르의 명언을 굳이 꺼내지 않더라도 동해의 명칭을 둘러싸고 한일 두 나라 해양과학자들의 노력이 확연히 구분된다. 일본의 경우 일본해양학회에서 발간하고 있는 국제학술지인 『Journal of Oceanography』의 경우에는 2003년부터 발행되는 모든 논문에 대해 동해 명칭이 'Sea of Japan' 혹은 'Japan Sea'의 '일본해' 단독표기가 아닌 경우에 의무적으로 주석을 달아 편집인이 추천하는 표기가 아님을 강조하고 있으며, 동해 병기가 본문에 사용되더라도 편집자의 고유권한인 Keyword 검색용어만큼은 '일본해'로 단독표기만을 사용하고 있다[2]는 사실은 눈여겨볼 만한 것이다. 반면에 한국의 해양과학자들은 동해와 독도에 대한 표기를 사용하고 새로운 과학적 발견마다 그 이름을 붙이려고 노력하고 있다. 한국 해양과학자들의 이런 노력에 국제학계에서도 종종 동참하는 것을 보게 된다. 한 예로 한국과 긴밀한 협력을 통해 동해를 함께 조사한 미국의 해양과학자들이 독도 서쪽에 존재하는 소용돌이 흐름을 발견하고 이를 '독도 냉수성 소용돌이(The Dok Cold Eddy)'로 명명하는 논문[3]을 2005년에 발표하여 독도의 존재를 알리는 데에 기여했고, 한국생명공학연구원의 윤정훈 박사는 독도에서 새로 발견한 미생물 박테리아 균주에 독도 이름을 붙여 국제학회에 등록하기도 했다. 또한 서울대학교 장경일 교수팀은 독도 서쪽의 심층에 존재하는 새로운 해류를 발견하고 이 심층 해류 이름을 '독도 심층 해류(Dokdo Abyssal

2   강동진, 임병호, 장소영, 김윤배, 김경렬, 2009: 국제학술지에 발표된 연구 논문에서 동해의 표기 현황, Ocean and Polar Research, 31(1), 133~156.

3   Mitchell, D. A., W. J. Teague, M. Wimbush, D. R. Watts, G. G. Sutyrin, 2005: The Dok Cold Eddy. J. Phys. Oceanogr., 35, 273~288. doi: http://dx.doi.org/10.1175/JPO-2684.1.

Current)'로 명명[4]함으로써 독도의 명칭 확산에 기여하였으며, 한국해양과학기술원(구 한국해양연구원) 이재학 박사팀은 독도 주변 해류의 수직 혼합으로 인해 섬 주변에 수온이 낮아지는 현상에 '독도 효과'라는 이름을 붙이기도 하였다. 이 외에도 동해와 독도의 명칭을 둘러싼 한국해양과학자들의 간과할 수 없는 노력들을 종종 보게 된다.

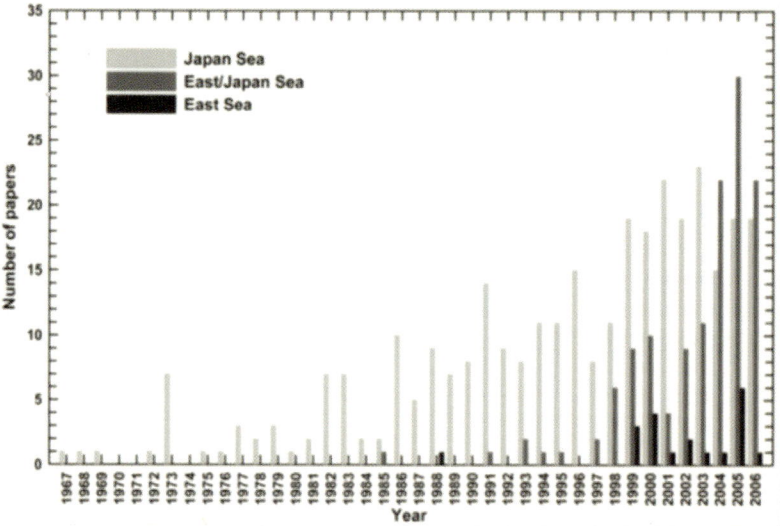

그림 1-2 1967년부터 2006년 사이에 발간된 국제학술지 논문의 동해 표기에 대한 시간적인 변화.
2000년대 들어서면서 '일본해(Japan Sea)' 단독표기에 비해 '동해' 병기(East · Japan Sea)표기나 '동해(East Sea)' 단독표기가 눈에 띄게 늘어나고 있다.
[출처: 강 등, 2009[5]]

4   Chang, K.-I., K. Kim, Y.-B. Kim, W. J. Teague, J. C. Lee, and J.-H. Lee., 2009: Deep flow and transport through the Ulleung Interplain Gap in the southwestern East/Japan Sea. Deep Sea Research Part I: 56, 61~72.

5   강동진, 임병호, 장소영, 김윤배, 김경렬, 2009: 국제학술지에 발표된 연구 논문에서 동해의 표기 현황, Ocean and Polar Research, 31(1), 133~156.

동해의 가치

한일 양국 혹은 주변국 사이에 벌어지는 동해의 명칭 논란은 동해가 가지고 있는 엄청난 가치와도 무관하지 않을 것이다. 동해가 가진 가치는 과연 어느 정도일까? 경제적인 가치로 환산할 수 있을까? 푸른행성지구 시리즈의 첫 편[6]에서 이미 소개된 것처럼 바다가 가지는 가치란 유한한 수치로 환산이 불가능할 정도로 막대한 것인데, 이것은 동해라는 작은 바다로만 대상을 한정하더라도 여전히 유효하다. 세계 4대 어장 중의 하나인 북서태평양의 핵심어장인 동해 북쪽 대화퇴어장 등의 풍부한 수산자원이나 21세기 신에너지자원으로 주목받고 있는 동해 남서부에 위치한 울릉분지 해저의 6~20억 톤가량의 가스 하이드레이트(252조 원의 수입대체 효과) 등의 해저 지하자원만을 생각해도 그 가치가 하찮은 것이 아닐진대, 하물며 이들이 동해의 자원 중 극히 일부를 활용하는 몇 가지 예에 불과할 뿐이라는 점은 실로 동해가 가지는 무한에 가까운 막대한 가치를 잘 드러낸다고 할 수 있다.

유망한 해저의 지하자원과 연간 수십만 톤에 이르는 수산물의 공급처이고, 또 그 해안은 여름철에 휴양지만으로도 많은 유익을 주는 것이 분명하지만 동해의 가치는 단순히 수산 · 광물자원, 혹은 해수 그 자체의 가치나 조석 · 조력 · 파력 · 풍력 등의 청정에너지를 추출할 수 있는 에너지원으로서만 한정되는 것도 아니다. 동해라는 바다에서 벌어지고 있는 과학적 현상들을 보다 잘 이해함으로써 우리가 얻게 될 유익을 고려하면 동해의 가치는 이런 자원 활용 등의 경제적 차원을 훨씬 넘어선다. 동해의 여

---

6   남성현, 2012: 바다에서 희망을 보다, 이담북스, 116.

러 해양 과학적 현상들을 이해하는 것은 국가안보를 위한 군사적 · 전략적 가치는 물론이고 한반도와 나아가 전 지구적인 기후변화를 이해하고 각종 재해 · 재난에 대비하기 위해서도 매우 중요하기 때문이다.

남북한뿐만 아니라 동아시아 주변 국가들, 미국(지리적으로 동해에 근접하고 있지 않으나 한미 그리고 한미일 공조를 통한 전략적 위상을 지속하고 있음), 중국(역시 지리적으로는 동해에 근접하지 않고 있으나 두만강 공동개발, 러시아 철도연결, 북한 도로연결 등으로 동해의 전략적 위상을 지속적으로 강화 중임), 러시아, 그리고 일본이 만나는 해양 공간이자 전략적 요충지에 위치한 동해는 동아시아와 세계가 소통하는 창구이자 동시에 동아시아 각국이 전략적으로 만나는 정치, 경제, 군사, 외교의 복합공간이다.

역사적으로 봐도 1905년 러일전쟁에서 일본의 연합함대가 러시아의 발트함대를 9차례에 걸친 해전에서 완벽하게 승리한 예를 통해서도 드러나듯이 동해의 군사적 · 전략적 가치는 국가의 흥망성쇠까지 결정할 정도였다. 이 같은 동해의 가치를 잘 인식하고 있는 주변국들은 잠수함을 비롯한 동해 해군 전력을 지속적으로 강화하여 왔다. 특히 동해는 잠수함의 천국이라 불릴 정도로 수심이 깊고(평균수심: 1,684m) 복잡한 해양현상으로 인해 잠수함을 탐지하기가 매우 어려운 바다이기 때문에 미국을 포함한 주변국들은 그동안 동해에서의 잠수함 탐지 성능을 높이기 위한 여러 과학적 연구들을 지속적으로 추진해왔다. 동해에서 일어나고 있는 과학적 현상들을 더 잘 알아내면 알아낼수록 아군의 잠수함 탐지 성능은 더 높이면서도 반대로 적군에게 탐지당할 확률은 낮출 수 있는 등 해군 전력에 유리하게 활용할 수 있기 때문이다. 미국 해군연구국(ONR, Office of Naval Research)에서 이미 1990년대 후반에 800만 달러에 이르는 연구비를 마련하고 동해 관련 기초 연구계획서를 공모에 부쳤었던 이유도 바로 동해를 잘 알고 이해하기 위한 노력의 일환이었음을 깨달을 필요가 있다.

대기와 달리 바닷속 수중은 수심 수십 미터만 되어도 앞이 보이지 않는 암흑과 같은 세계이기 때문에 잠수함 등의 수중물체를 탐지하고 식별하기 위해 음파를 이용한 소나와 같은 장비들을 사용하게 된다. 그런데 이 음파는 수온 등의 성질이 다른 여러 '수괴(Water mass)'에 따라 계속하여 굴절하며 전파하기 때문에 바다 위에 떠 있는 수상함에서 아무리 음파를 발생시켜도 음파가 도달할 수 없는, 즉 잠수함을 절대로 탐지할 수 없는 암영대(Shadow zone)가 존재하게 된다(그림 1-3). 이러한 음속의 굴절은 위치에 따라서 달라질 뿐만 아니라 같은 위치에서도 해수 중의 수온과 염분 등에 따라 시시각각 변화하기 때문에, 시공간적으로 변화하는 해양환경을 파악하지 못하면 음파가 어떤 경로로 전파될지 알 수 없으므로 잠수함의 탐지뿐만 아니라 수집된 음향신호를 제대로 해석하는 것 자체가 불가능해진다. 실제로 해군에서 엉뚱한 목표를 대상으로 작전을 펼치는 경우도 종종 발생한다.

지난 2004년 10월 9일, 아침 일찍부터 미 하와이에 있는 태평양함대 사령관(해군 대장)에게 긴급 보고가 들어왔다. 북한 상어급 잠수함 2척이 대한민국 영해를 침입한 것으로 추정된다는 정보였다. 중요하지 않거나 불확실성이 큰 정보는 사령관에게까지 전달되지 않는다는 점을 감안할 때, 이 보고는 사령관의 아침잠을 깨울 정도로 중요하면서도 정확도 높은 정보였을 것임이 분명하다. 그러나 당시 미국 측으로부터 북 잠수함 추정 물체의 시간대별 이동 궤적까지 포함된 정보를 받은 대한민국 해군이 대대적인 탐색 및 격퇴 작전을 벌였지만 결국 이들의 실체를 확인하는 데에는 실패했다고 한다. 1990년대 말 이후 공개된 냉전시절 미 핵잠수함의 극비작

전 내용에 따르면, 미국은 구소련 영해 내 잠수함 기지입구까지 들어가 움직임을 감시하고 소련 잠수함 바로 밑이나 옆에 붙어 스크루 소리 등 음향 정보를 수집하다가 충돌한 적까지 있었다고 한다. 또 환태평양 훈련 등에서 대한민국 해군의 독일제 잠수함이 미 항공모함이나 이지스함 등에 탐지되지 않고 접근해서 '격침'시킨 일화는 유명하다. 이처럼 높은 기술력을 보유한 미국과 러시아조차도 잠수함 탐지는 참으로 어려운 일이다 보니, 동해에서 잠수함으로 추정되는 물체를 보고 한국 해군 구축함이 출동했다가 허탕 친 사건은 사실 그리 놀랄 일도 아니다.

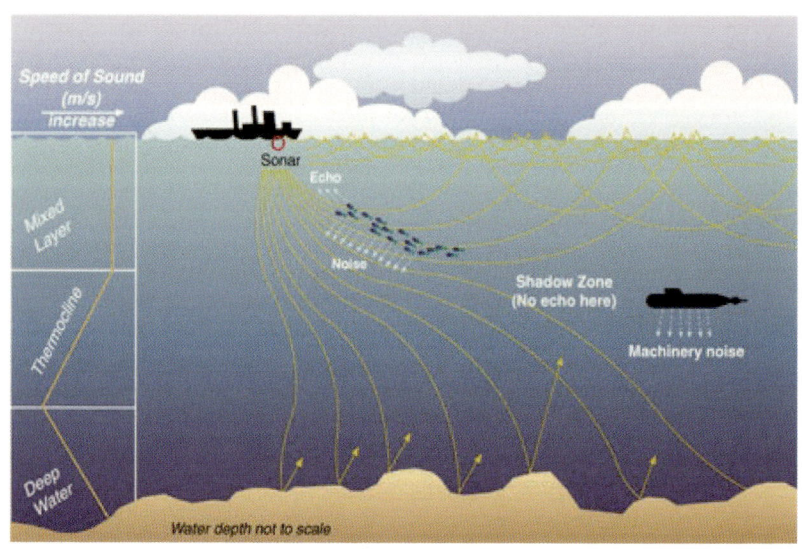

그림 1-3 바닷속 음속 수직구조(좌측)와 수상함 소나의 음파 전파 경로 모식도.[7] 수상함 소나에서 발생한 음파가 도달할 수 없는 영역인 암영대(Shadow zone)가 존재하며, 잠수함이 이 영역에 있는 경우 탐지할 수 없게 된다.

---

7   출처: http://www.dosits.org/people/history/1920/, Image courtesy of the National Academy of Sciences.

더구나 평균 수심이 약 1,684m에 달하는 동해는 수심이 얕은 황해나 남해와 달리 곳곳에서 수심이 수천 미터로 깊어서 이 같은 음파의 수중전파가 해저면 반사에 비해 더욱 중요해지며, 또 태평양 같은 대양과도 달리 수심에 따른 수온의 감소가 급격하고(동해는 200m 근처까지만 내려가도 수온이 섭씨 1도 정도로 매우 차가워서 수직적인 음속변화가 심하다), 해저지형과 수괴구조 등의 변화가 심하므로 음파를 크게 굴절시켜 잠수함 탐지가 매우 어렵다고 볼 수 있다. 적 잠수함 발견은 상당부분 어민에게 의존할 수밖에 없음을 토로하던 한 해군장교의 이야기가 근거 없는 푸념으로만 들리지는 않는 것이다. 기동 중인 십수 척의 함정만으로 한반도 면적보다 넓은 동해에서 적 잠수함의 기동을 파악하기란 여간 어려운 일이 아님에 틀림없다.

그러나 동해의 변화무쌍한 바닷속 특성을 잘 알게 되면 상대 잠수함의 탐지나 아군 잠수함의 피탐에 유용하게 활용할 수 있는 방법이 있다. 대표적인 예가 앞에서 언급한 '독도 냉수성 소용돌이(The Dok Cold Eddy)'이다. 미국의 한 대중과학잡지『사이언티픽 아메리칸』에도 소개될 정도로 '독도 냉수성 소용돌이'는 유명한 천혜의 동해 '잠수함 길'로 알려져 있다.[8] 이것은 잠수함에서 나오는 소음이나 바다 표면에 있는 수상함들이 발생시키는 음향신호들이 소용돌이에 의해 굴절되어 잠수함이 그 위치를 노출시키지 않고 이동할 수 있는 암영대(Shadow zone) 통로가 되기 때문이다. 물론 실제 동해 바다에서 나타나는 독도 냉수성 소용돌이는 그 구조가 단순하지 않고 시간에 따라서도 계속해서 변하기 때문에 본격적인 활용을 위해서는 더 깊이 있는 연구가 있어야 할 것이다.

---

8   2004년 5월 13일자 중앙일보, "동해에 천혜의 '잠수함 길' 있다."

이와 같이 동해의 탐구는, 특히 남북한은 물론 주변 강대국들의 최첨단 잠수함들이 동해 바닷속에서 소리 없는 '잠수함 대전(大戰)'이라 불리는 정보수집전을 벌이고 있는 상황[9]인 만큼, 국가의 흥망성쇠까지 연결되는 중요한 가치를 지닌다 할 것이다. 이순신 장군이 거듭된 해전에서 계속해서 승리할 수 있었던 요인이 함선의 수가 아닌 바로 바다를 상대보다 더 잘 알고 활용할 수 있었기 때문임을 한시도 잊지 말아야 할 것이다.

동해의 해양 과학적 현상들을 이해하려는 노력은 대한민국의 군사적·전략적 가치로만 그치는 문제도 아니다. 한반도는 물론이고 전 지구적인 기후변화를 이해하기 위해서도 동해는 중요한 연구해역으로 알려져 있다. Part 3과 Part 4에서 자세히 다루겠지만 동해는 그 크기가 대양에 비해 매우 작지만(태평양의 0.6%) '대양의 축소판(Miniature Ocean)' 혹은 '대양의 실험실'이라 불릴 정도로 기후연구에 있어서 매우 중요한 바다이다. 바다가 지구 기후변화의 최대 조절자이자 그 몸통이 됨은 이미 푸른행성지구 시리즈의 첫 편[10]에서도 소개한 바 있다. 그런데 동해는 세계의 주요한 바다 중에서도 기후연구를 위해 더욱 각별한 의미를 가지는 바다이다 보니, 지난 2004, 2005, 2006년에 세계적인 해양관련 국제학술지들(Progress in Oceanography, Deep Sea Research, Oceanography)에 동해 관련 특집호가 발간될 정도로 전 세계 해양과학자들의 이목을 끌게 된 것이다.

동해에서는 전 세계 대양에서 볼 수 있는 것과 유사한 형태의 바닷물 순환이 나타나는데, 지구 기후를 결정하는 데에 매우 중요한 역할을 하는 이

9   2005년 2월 17일자 조선일보, "2+4개國 '잠수함 대전'…… 동해가 끓는다."

10   남성현, 2012: 바다에서 희망을 보다, 이담북스, 116.

대양의 거대 열염순환(푸른행성지구 시리즈의 첫 편[11]에서 소개)이 동해의 경우에
는 100년 내외로 대양에 비해 10배 정도 빨라 기후변화의 전조를 볼 수 있
는 독특한 바다로 알려져 있다. 북위 약 40도를 기준으로 동해의 남쪽 해
역은 대한해협을 통해 유입된 따뜻한 해수가 채우고 있는 점에 반해 북쪽
해역은 매우 찬 해수로 채워져 있으며(그림 1-4), 겨울철에 냉각된 북쪽의 매
우 차가운 해수는 가라앉아 따뜻한 해수 아래에서 남쪽으로 흐른다. 이렇
게 동해는 내부에서 자체적인 열염순환에 의해 열을 수송함으로써 기후
조절자 역할을 하고 있다. 예컨대 지난 2011년 2월, 기상관측 이래 100년
만에 적설량 최고치를 보인 강릉지방을 비롯한 동해안의 기록적인 폭설
은 동해안을 따라 북상하는 동한난류에 의해 공급된 따뜻한 물이 주요한
원인이었다. 많은 학자들은 중국 대륙에서 불어오는 찬 공기가 동한난류
에 의해 공급된 따뜻한 해수면 위를 통과하면서 만들어진 눈구름대를 그
원인으로 지목하고 있다. 태평양 주변의 다른 바다와 달리 동해는 독특하
게도 수중의 환경이 대양에서의 그것과 유사한 부분이 많다. 즉, 스케일은
다르지만 비슷한 구조와 양상이 나타나며 대양에서 볼 수 있는 특징을 가
지기 때문에 그 변화를 통해 대양의 변화를 유추할 수 있는 셈이다.

그런데 주목할 만한 것은 한국의 해양과학자들을 필두로 각국 해양과학
자들의 최근 연구결과, 전 세계 기후변동을 예측할 수 있는 중요한 단서
가 되는 그 순환구조에 주목할 만한 변화가 나타나 동해의 해양환경이 급
격히 변하고 있다는 점이다. 동해 내의 용존산소량이 수심 1,000m 부근
의 중층에서는 증가한 반면, 수심 1,500m 이상의 심층에서는 크게 감소했
던 것이다. 중층수로 정의될 수 있는 물의 부피가 커지면서 동시에 심층수

11   남성현, 2012: 바다에서 희망을 보다, 이담북스, 116.

로 정의될 수 있는 물의 부피는 감소했음을 의미하기도 하는데, 이것은 쉽게 생각하면 지구온난화 등의 효과로 용존산소가 풍부한 표층의 물이 심층까지 가라앉을 만큼 충분히 무겁지(차갑지) 못하여 심층순환이 약화된 결과로 해석할 수 있다. 따라서 용존산소 수직구조 변화는 동해의 심층순환이 최근 약화되고 있다는, 다시 말하면 영화 <투모로우>에서 북반구 기온을 급랭시킨 해류순환 차단과 같은 현상이 실제로 동해에서 진행되고 있음을 의미하는 것이라고 볼 수 있는 것이다. 물론 이것은 어디까지나 하나의 가설에 불과하고 이를 검증하기 위해서는 체계적인 후속연구들이 뒤따라야 하겠지만, 동해의 변화에 대해서는 이미 유엔 정부 간 기후변화위원회(IPCC, Intergovernmental Panel on Climate Change) 4차 보고서에서도 중요한 사례로 언급될 정도로 지구촌의 인류가 당면한 기후변화 문제를 푸는 중요한 단서가 되고 있다.

더구나 최근에는 상대적으로 빠른 동해의 수온상승뿐만 아니라 동해의 대기 중 탄소 흡수량 변화도 보고되고 있다. 이산화탄소 등 바닷물에 녹아 탄산을 만드는 온실기체 배출량이 증가함에 따라 가속화되고 있는 전 세계적인 해양산성화(푸른행성지구 시리즈 첫 편[12]에서 소개) 또한 동해에서 진행되고 있다는 것이다. 해양산성화는 먹이사슬 하층부를 이루는 갑각류 유생의 탄산칼슘 골격을 녹여 생태계를 크게 교란할 수 있기 때문에 이러한 동해의 빠른 산성화를 주목하고 있다. 뒤에 Part 5에서 자세히 다루겠지만 이미 동해에서는 어종변화 등이 눈에 띄게 나타나 충격을 더하고 있다.

---

12   남성현, 2012: 바다에서 희망을 보다, 이담북스, 116.

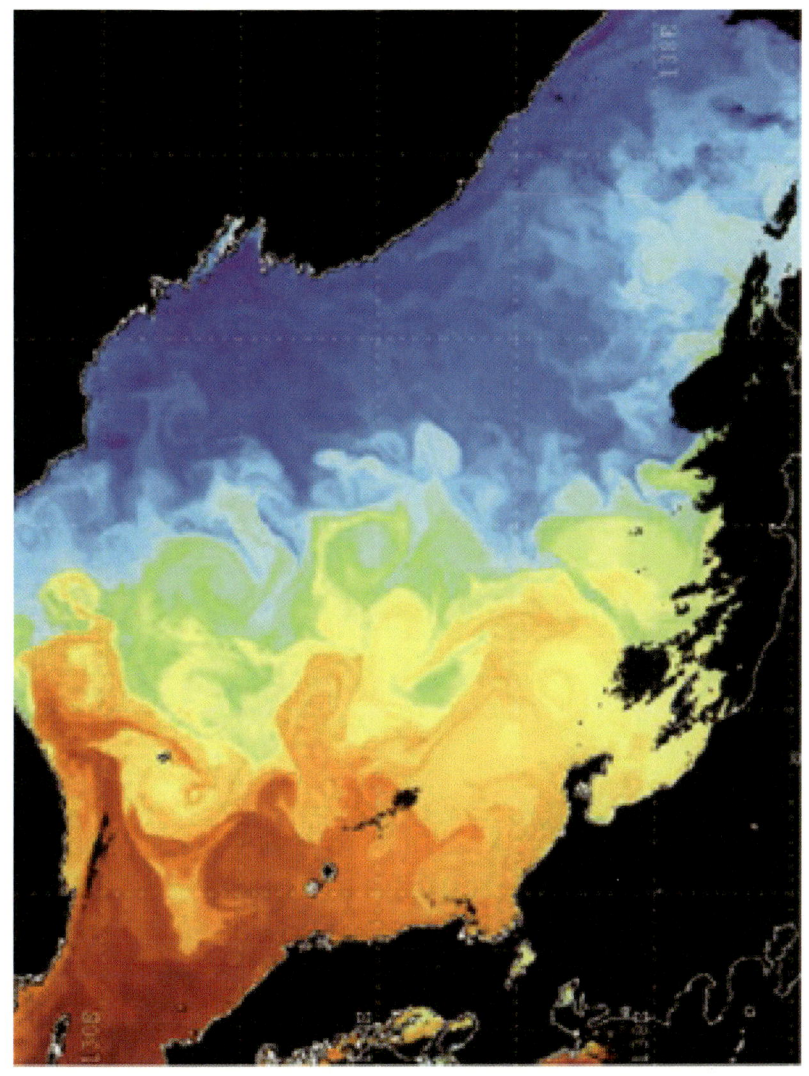

그림 1-4 인공위성을 통해 측정된 동해의 해표면 수온분포의 예. 검정 부분은 육지(혹은 구름 등의 이유로 자료가 없는 지역), 붉은 계열은 높은 수온, 푸른 계열은 낮은 수온을 나타낸다.

사실 이처럼 동해가 세계적인 관심해역으로 부상하기 이전부터 미국 등
주변국들에서 동해 연구에 노력을 기울여 온 것이 사실이다. 결국 1999년

에는 미국 스크립스 해양연구소(Scripps Institution of Oceanography) 소속의 해양조사선이 동해의 구석구석을 조사하는 등 미국 해군연구국(ONR, Office of Naval Research)에서 15개 이상의 연구 프로그램들을 동해에서 진행하기에 이르렀다. 미국뿐만이 아니었다. 동해의 연구 가치를 인식한 주변국들은 동해 연구를 위해 그동안 경쟁적으로 많은 비용을 투입해가며 동해 연구 프로그램들을 수행해왔었다. 바로 다음 장에서 동해에 대한 과학적 연구사를 다루겠지만 일본은 이미 1932년에 한 달여 동안 무려 50여 척의 배를 동시에 동원해 집중적으로 최대수심 3,000m까지 동해 전역을 거의 동시에 조사하여 오늘날 교과서에 실린 동해 표층 해류도를 제시한 바 있으며, 러시아(옛 소련) 또한 대한민국이 한창 한국전쟁에 휘말려 고통받고 있던 1950년대 초에 북서태평양 연구의 일부로 동해를 조사하기도 하였다. 심지어 러시아의 슈렌크(Schrenk)라는 해양학자는 1870년대에 동해 전역에 걸친 해양조사를 통해 동해 표층해류도를 제시하기도 하였다. 이러한 조사는 당시 조선을 둘러싼 러시아와 영국 간의 쟁탈에 있어 러시아 함대 항해에 귀중한 자료로 활용되었음은 물론이다. 러시아 연해주를 따라 흐르는 한류를 흔히 리만한류로 부르는데 이것은 슈렌크의 논문에서 처음 등장하는 용어이다. '리만(Liman)'은 커다란 강 하구에 발달된 염분이 낮은 해수가 호수처럼 모여져 있는 넓은 만을 뜻하는 말로, 희랍어의 'Limen'에 근원을 두고 있는 러시아어이다. 이처럼 주변국들의 움직임만 보아도 동해의 과학적 연구에 뒤처지지 말아야 할 이유는 충분해 보인다.

동해의 자원 등을 포함한 경제적 · 군사적 · 전략적 가치문제나 기후변화와 과학적 문제를 떠나서도 여전히 동해를 삶의 터전으로 살아가는 대한민국으로서는 그 생존과 안전을 위해서라도 동해를 제대로 알아야 할 필요가 있어 보인다. 간단하게는 지진해일의 예를 생각해볼 수 있다. 만약 바로 몇 년 전 개봉했던 영화 <해운대>의 한 장면에 나오는 것처럼 고층 아파트 높이의 거대한 해일이 갑작스레 들이닥친다면 어떤 일이 벌어질 것인가? 도시에 바닷물이 밀려오면서 사람들은 바닷물에 휩쓸리게 될 것이고, 아수라장이 될 것임은 분명하다. 비록 실제로 대마도가 있는 지각(필리핀 해판)은 일본 열도의 서남쪽 섬 아래로 완만하게 들어가 지진이 잘 일어나지 않으며 만약 일어난다고 해도 주로 수평으로 이동할 가능성이 크기 때문에 영화에서와 같은 큰 지진해일이 발생할 가능성은 높지 않지만 (물론 영화 속 설정은 과장된 부분이 있다), 만에 하나 대마도에 지진이 일어나 섬이 바다 아래로 가라앉을 정도의 거대한 지진이 발생한다면, 전파속도는 수심에 비례하기 때문에 수심이 얕은 남해안이나 서해안에 비해 수심이 깊은 동해안에서는 그 퍼져나가는 속도가 급격히 빨라 신속한 대응체계가 필요하다. 실제 1996년 7월 12일에 일본 홋카이도 북서해역에서 지진해일이 발생했을 때 1시간 40분 후 울릉도에 도착했다. 수심이 깊은 바다에서 발생한 지진해일은 수심이 얕아지는 해안가에 이르면 에너지를 보존하기 위해 더욱 높은 파도를 만들게 된다. 2004년 말 인도네시아(동남아시아) 지진해일의 피해가 크게 나타난 것도 깊은 바다 속에서 지진이 발생했기 때문이다. 또 1995년 일본 고베지진이 발생했을 때에도 남해에는 지진해일이 발생하지 않은 반면, 1983년 5월에 일본 혼슈 서쪽해역에서 발생한 지진해일은 강원도 삼척시 임원항 등 동해안에 큰 피해를 가져다주어 선박 80여 척이 파손되고 많은 사망자와 행방불명자를 만들 정도로 피해가 컸다.

어디 그뿐인가. 재해 · 재난 방지를 위해서도 동해를 제대로 아는 것이 중요한 예는 이외에도 부지기수다. 이미 몇 차례 있었던 핵물질 누출사고 사례나 혹은 그러한 잠재적 가능성을 가진 러시아 블라디보스토크 항에 정박 중인 러시아 핵잠수함을 잊어서는 안 될 것이다. 또 1960년대 초반부터 옛 소련과 러시아가 동해 해저에 투기한 고체 핵폐기물을 담은 드럼통이 만약 부식되어 유출되기라도 하면 해류를 타고 동해안 쪽으로 떠내려 올 가능성이 큰데, 시시각각 곳곳에서 변화하는 해류를 타고 어떤 경로로 얼마나 빠른 시간에 도달할지 과연 충분히 이해하고 있는지에 대해서도 여전히 의문을 제기하지 않을 수 없다. 무엇보다도 가장 최근에 동일본 대지진으로 파괴된 원자력발전소의 방사능 유출 영향도 간과할 수 없는 문제일 것이다. 앞으로 이 방사능 유출이 동해 곳곳에, 그 속에 서식하는 생명체들에게 그리고 결국 인간에게 어떤 영향을 미치게 될지를 파악하는 것은 동해와 더불어 살아가는 대한민국으로서 가볍게 넘길 문제가 아니다.

동해의 명칭 문제에서부터 시작하여 그 경제적 · 전략적 · 군사적 가치 그리고 전 지구적 기후변화 문제와 재해 · 재난 대비에 이르기까지 동해에서 벌어지는 각종 다양한 해양 과학적 현상들을 이해하고 그 변화를 예측하는 노력은 이처럼 많은 관점에서 매우 중요하게 대두되고 있으며, 그 중요성에 대해서는 더 이상 논란의 여지가 없어 보인다. 독도를 포함하고 있는 동해는 종종 민족의 심장이라고 불리기도 하는데, 그 가치를 고려할 때 민족의 미래라고 해도 전혀 과장이 아닐 것이다. 거친 동해 바다를 가로지르며 공식 사신만 서른네 차례나 일본에 파견했던 해동성국으로 우리 역사에 굳건히 자리 잡았던 발해. 우수한 항해술과 조선술이 있었기에 가능한 일이었다. 이제 그 항해술, 조선기술과 더불어 동해에 대한 과학적 이해를 바탕으로 동해로 나가야 한다. 오랫동안 역사에 잊혀왔던 동해가 깨어나고 있다. 변방은 언제나 창조의 공간이다.

과학으로 지키는 동해

동해의 가치 여부와는 별개로 독도가 대한민국의 소유라고 하고, 동해를 일본해가 아닌 동해로 부르는 것은 일종의 해양 주권문제라고 할 수 있다. 그런데 독도를 일본의 고유 영토로 주장하고 동해를 일본해라 부르는 일본에 대해 강력히 '항의'하는 것 못지않게, 아니 어쩌면 그보다 더 중요한 대응은 바로 독도와 동해에 대해 더 잘 알고 이해하는 것이라 하지 않을 수 없다. 옛말에도 '아는 것이 힘'이라 하였듯이 바다영토 역시 경제력이나 군사력만으로 지키는 것이 아니라 과학의 힘으로도 지킬 수 있기 때문이다.

동해에 떠 있는 작은 점으로 보이는 독도는 사실, 단지 작은 돌섬에 불과한 것이 아니다. 만일 애국가 가사대로 동해의 바닷물이 다 마르면 거대한 해산(seamount)들이 그 모습을 드러내게 될 것이다(그림 1-5). 이러한 해산들은 높이가 2,000m 이상으로 한라산보다도 높으며, 독도는 그 꼭대기에 해당된다. 독도의 해저까지 고려한다면 독도의 높이는 무려 2,268m이다. 바다 표면 위에 보이는 동도와 서도 두 개의 작은 섬들은 그야말로 '빙산의 일각'인 것이다. 한국해양과학기술원 독도전문연구센터의 조사결과, 독도 주변 바닷속에는 이 같은 해산이 세 개나 더 있는 것으로 확인되면서, 2005년 국가지명위원회가 '안용복 해산', '심흥택 해산', '이사부 해산'으로 명명했다. 독도의 생성시기도 마찬가지다. 흔히 눈에 드러난 면적 때문에 독도를 국토의 막내로 생각하지만, 울릉도, 제주도보다 생성시기가 이른 곳이 독도이다. 독도의 가치는 알면 알수록 더 높아진다.

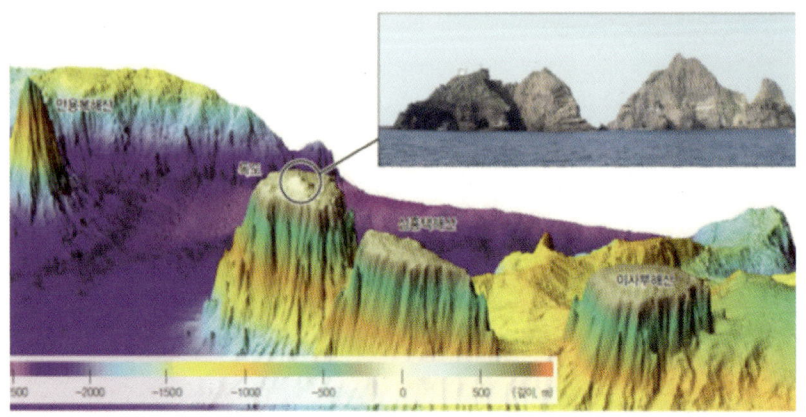

그림 1-5 독도 주변의 3차원 심해 해저지형도(한국해양과학기술원 독도전문연구센터 제공)

[출처: 2008년 5월 22일자 한겨레 "독도는 우리 땅' 과학으로 지킨다"]

한 가지 고무적인 사실은 2006년 「독도의 지속가능한 이용에 관한 법률」이 제정되면서 국가독도전문연구기관으로 지정된 한국해양과학기술원(구 한국해양연구원) 독도전문연구센터(구 독도전문연구사업단) 등을 통해 독도 영토주권 강화를 위한 연구가 지속되고 있다는 점이다. 독도 주변 바다에 대한 해양생태계, 해양물리, 해양화학, 해양지질, 지구물리와 원격탐사 등의 다양한 과학적 연구결과들은 독도종합정보시스템(http://www.dokdo.re.kr/)을 통해서 제공되고 있으며, 이처럼 독도에 대한 올바른 지식과 독도 연구활동의 결과를 제공하고 있는 것은 과학의 힘으로 독도를 지킬 수 있는 바람직한 하나의 예라고 하겠다.

과학의 힘으로 지킬 수 있는 바다가 어디 울릉도-독도 주변해역뿐이겠는가. 동해 구석구석까지 더 잘 알고 이해하게 될 때 동해 전체를 더 잘 활용함은 물론 비로소 진정한 동해의 주인이 될 수 있을 것이다. 그런데 참으로 안타까운 일이지만 흔히 동해라 하면 여전히 울릉도나 독도 정도까지의 남한 해역만 생각하는 경향이 있다. 그러나 태평양의 0.6% 면적에 불과한 동해만 하더라도 이보다는 훨씬 큰 바다로 그 면적이 남북면적을 합친 한반도의 5배 정도에 해당하며 평균 수심이 약 1,600m에 달하고, 동해 북부의 대부분을 차지하는 일본 분지의 경우 최대 수심이 4,000m나 되는 상당한 규모의 바닷물로 이루어져 있다. 또한 Part 3과 Part 4에서 자세히 다루겠지만 이러한 바닷물은 어디에서나 동일한 특성을 가지는 것이 아니라 서로 다른 특성을 가지는 여러 수괴(Water mass)들로 이루어져 있고, 또한 끊임없이 움직이고 순환하면서 기후와 생태계 등에 큰 영향을 미치고 있다.

어로기술이 떨어졌던 시대에는 이처럼 깊은 바다에 대해 잘 알지도 활용하지도 못하였기 때문에 동해는 그리 매력적인 어장이 아니었다. 『세종실록지리지』에 나타난 어량(漁梁: 어장)에도 서해안에는 그 수를 헤아릴 수 없을 정도로 많은 데 비해 동해안에는 수를 손꼽을 정도였다고 한다. 그러나 동해가 깊은 바다로 되어 있는 것을 잘 알고 어로기술도 발달한 오늘날에는 한류(寒流)와 난류(暖流)가 만나는 북위 40도 부근의 대화퇴어장에 어족자원이 매우 풍부하다는 것을 알게 되어 북태평양 서부어장 중에서도 핵심어장인 세계 4대 어장으로 꼽힐 정도가 되었다. 잘 알고 활용하게 되면서 그 가치가 높아진 또 다른 좋은 예일 것이다.

푸른행성지구 시리즈 첫 편[13]을 통해 소개한 것처럼 해양은 기후변화와 에너지 · 자원 및 환경문제 등 인류가 현재 직면한 과제들을 해결할 열쇠가 있는 곳이다. 특히 유라시아대륙의 동쪽바다인 동해는 대한민국의 삶의 터전이면서 동시에 세계적인 관심 해역이다. 다가오는 해양의 시대를 대

---

13   남성현, 2012: 바다에서 희망을 보다, 이담북스, 116.

비하기 위해서라도 동해에 대한 각별한 관심과 노력이 절실하다 할 것이다. 이런 면에서 최근 정부 차원의 신해양전략을 구상하고 새로운 해양산업을 위해 투자를 시작하고 있는 것은 참 반가운 일이라 하지 않을 수 없다. 2012년 7월 1일부로 기존의 한국해양연구원을 확대 개편하며 한국해양과학기술원이 출범하기도 하였다. '이산화탄소 해저지중 저장', '해조류를 이용한 청정에너지 개발 구상', '울릉도(독도) 근해의 메탄가스 하이드레이트 개발', '원자력발전소 온배수 활용', '해양심층수 다목적 개발', '해수담수화 플랜트 개발', '해양생물의 보고인 왕돌초 활용' 등 동해를 잘 활용하고자 다양한 노력들이 진행되고 있다. 그러나 동해를 대상으로 하는 이같은 신해양산업에서 개별기술들의 개발에 못지않게 아니 그 이전에 무엇보다도 가장 중요한 것은 바로 동해에서 일어나고 있는 현상들을 먼저 잘 이해하고 예측하는 기초과학, 즉 동해가 어떤 바다인지 먼저 제대로 알아내는 것이라 하겠다. 동해의 과학적 연구는 국방, 해양영토, 해양주권, 재해·재난 대비뿐만 아니라 신해양산업으로 표현되는 국가적 차세대 성장동력과도 직결되는 것이기 때문이다.

동해를 잘 활용하는 동해의 진정한 주인이 되기 위한 첫걸음은 바로 동해를 제대로 알고 이해하는 것에 있다. 동해를 더 많이 알고 잘 이해하면 이해할수록, 동해를 새롭게 그리고 더더욱 잘 활용할 수 있는 방법들을 찾을 수 있기 때문이다. 일찌감치 이를 깨닫고 동해 연구에 매진한 선구적인 한국 해양과학자들의 최근 잇따른 수상소식은 어쩌면 당연한 귀결이다. 선구적으로 동해의 주도적인 연구를 이끈 서울대학교 지구환경과학부 김구 교수는 2009년 북태평양 해양과학기구[14]로부터 우스터 상[15]을, 2010년 바다의 날을 맞아 서울대학교 김경렬 교수는 대통령 표창을 수상한 바 있다. 특히 김구 교수는 앨 고어(Albert Arnold Gore)와 함께 2007년 노벨평화상으로 공동 선정된 IPCC(유엔 정부 간 기후변화위원회) 보고서 집필진에 참여하기도 하였다. 이 같은 소수 선구적 과학자들의 활동에 이어 지난 십수 년간 '동해에 취한' 여러 해양과학자들의 노력으로 이제는 동해를 장기적으로 그리고 실시간으로 관측·감시할 수 있는 체계를 구축해나가기 시작했다 (그림 1-6). 또 최근에는 한국이 주도하고 일본과 러시아 등이 참여하는 국제적인 동해 연구 프로젝트 '동아시아 해양 시계열(EAST, East Asian Seas Time-series)'이 시작되기에 이르렀으며, 한국해양과학기술원에서는 동해연구소를 중심으로 동해 해양환경 및 생태계 변동 감시체제 구축사업을 본격적으로 착수하기에 이르렀다. 더욱이 동해 해양연구의 전진기지 역할을 수행할 울릉도독도해양연구기지(울릉도 현포에 위치, 한국해양과학기술원 수탁운영예정)가 2013년 개원할 예정이어서 향후 활발한 동해 현장관측이 기대된다.

그동안 북태평양 주변 국가들이 동해를 연구한 적은 있었지만 한국이 중심이 되어 국제적인 연구가 이루어지는 것은 '동아시아 해양 시계열 (EAST)'이 처음이다. 한국 과학자들이 북태평양 해양과학기구 측에 적극 제안한 결과 동해가 EAST의 첫 번째 해역으로 선정되어 EAST-I으로 시작될 수 있었다. 이것은 1930년대 일본 학자 우다(Uda) 이래 60년 만인 1993년에 동해 전역에 대한 대대적 조사 프로그램, 크림스(CREAMS, Circulation Research of East Asian Marginal Seas)가 시작된 이래 줄곧 한국 과학자들의 주도적인 연구성과가 인정을 받았기 때문이다. 제3장에서 자세히 소개하겠지만 이들은 1930년대 이후 당시까지 줄곧 정설로 받아들여졌던

---

14 북태평양해양과학기구(PICES)는 1992년 창설된 국제간 기구로서 한국을 포함 미국, 캐나다, 러시아, 중국, 일본의 6개 회원국이 참가하고 있다.

15 북태평양 해양과학기구의 창립을 주도하고 초대 의장을 역임한 세계적 해양학자 워렌 우스터(Warren S. Wooster)를 기려 만든 상으로 북태평양 해양과학 연구에 뛰어난 업적을 남기고 해양과학의 국제협력에 기여한 해양학자에게 수여하고 있다.

일본 우다(Uda) 박사의 주장을 뒤집었다. 즉, 동해의 심층부가 단일한 수괴로 되어 있고 사실상 거의 움직임이 없다는 기존의 주장을 뒤집어 단일한 수괴(Water mass)가 아닌 서로 다른 여러 수괴들로 이루어져 있으며, 심층부에서 활발한 움직임이 있다는 결과를 제시하였다. 이로써 동해와 일본해의 명칭 문제로 신경전을 벌이는 일본 과학자들은 공교롭게도 동해를 의미하는 EAST를 연구과정에서 공식적으로 사용하게 되었다. EAST-I 프로그램을 통해 속초-블라디보스토크 사이 정기 연락선을 이용한 수온-염분 관측이 시도된 바 있으며, 동해 연안 실시간 해양모니터링 등이 실시되고, 용도 폐기된 대한해협 해저 케이블을 활용한 대한해협 해수수송량 측정과 인공위성 및 무인 관측장비를 이용하여 동해에서 지속적인 시계열 자료가 수집되었다(그림 1-6).

유럽대륙과 영국 및 스칸디나비아 반도 사이의 바다를 '북해(North Sea)'라 부른다. 네덜란드인들이 그렇게 불렀기 때문이다. 근현대사를 감안하면 영국해로 불릴 법도 한데, 이 바다를 가장 많이 연구한 나라가 다름 아닌 네덜란드였다. 동해도 마찬가지다. 해류나 분지를 누가 먼저 발견하고 이름을 붙이느냐에 따라 국제적으로 '동해의~'가 되기도 하고 '일본해의~'가 되기도 한다. 동해를 우리 바다라고 주장하려면 당연히 동해에 대해 아주 잘 알아야 한다. 동해를 잘 알고 그 속에서 벌어지고 있는 현상들에 대한 충분한 이해를 바탕으로 동해를 본격적으로 활용하기 시작할 때, 동해의 진정한 주인이 되고 동해를 과학적으로 경영하며 대한민국의 자산으로 만들 수 있게 될 것이다. 동해에 대한 풍부한 과학적 이해가 쌓여 과학으로 지키는 동해를 넘어 과학으로 경영하는 동해의 미래를 생각해본다. 그리고 미래로부터 빌려온 자연 그리고 동해, 그 동해의 풍족함을 다음 세대가 오래도록 누리게 하는 것도 온전히 우리 세대의 몫임에 분명하다.

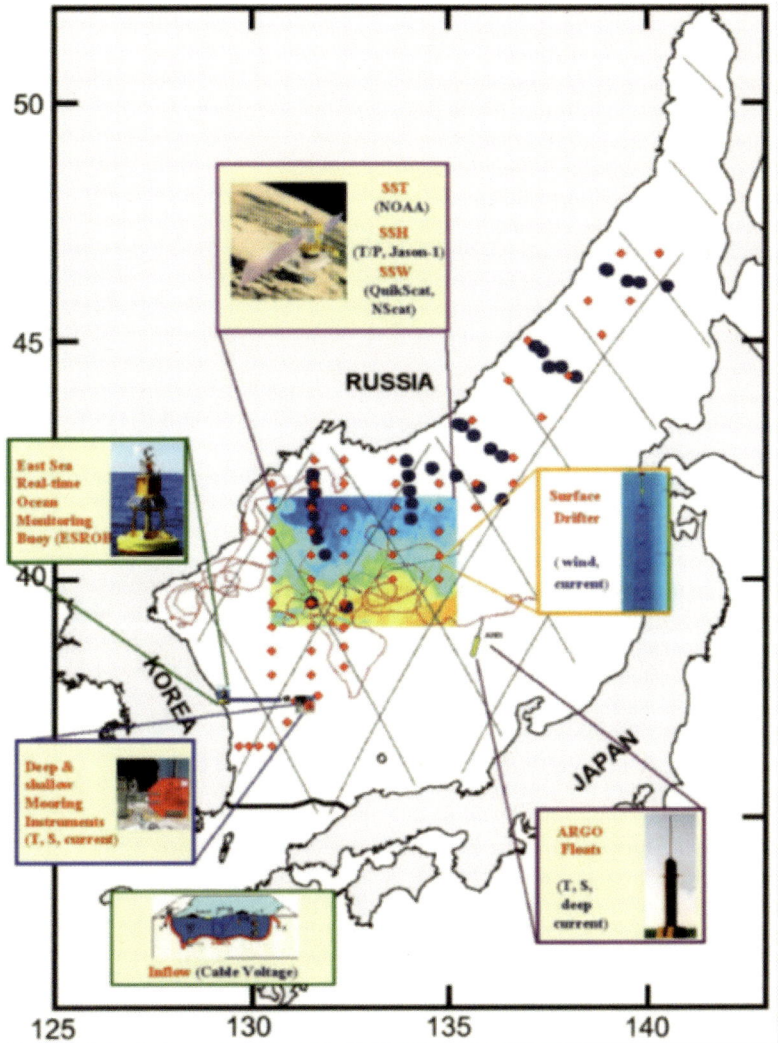

그림 1-6 동해의 실시간 장기 해양관측 · 감시망

[출처: Kim et al., 2005[16]]

---

16   Kim, K., Y. B. Kim, J. J. Park, S. H. Nam, K. -A. Park, and K. -I. Chang(2005),
Long-term and real-time monitoring system of the East/Japan Sea, Ocean Science
Journal 40(1) 25~44

Part **2**

동해관측의
어제 그리고 오늘

일본강점기 동해조사

동아시아 연해 순환연구 국제공동
프로그램, 크림스(CREAMS, Circulation
Research of East Asian Marginal Seas)

동해관측의 현주소

Part 2. 동해관측의 어제 그리고 오늘

동해의 과학적 발견들을 본격적으로 소개하기에 앞서, 여기서는 그동안 동해에 대한 과학적 조사가 어떻게 이루어져 왔었는지 그 연구의 역사와 동해관측의 현주소를 먼저 살펴보려 한다.

한국과 일본의 과학자들 사이에 JECSS(The Japan and East China Sea Study) 프로그램이 1981년에 시작되고 이어 1993년 한국, 일본, 러시아 과학자들이 참여한 국제공동연구 프로그램인 크림스(CREAMS, Circulation Research of East Asian Marginal Seas)가 시작되기 전까지 동해에 대한 조사와 연구는 국제협력보다 주로 개별국가들에 의해 독립적으로 이루어졌으며, 이런 연구들은 주변국의 활동에 대한 인식이 부족한 상태로 국제정세에 따라 주도권을 달리해가며 진행된 측면이 많았다.

18세기 후반 무렵까지만 해도 한국은 물론 당시 국력이 강했던 중국과 일본마저 대양항해기술이 부족했던 터라 아시아 국가들은 동해 연구에서 주도권을 가지기 어려웠고, 동해에 대한 과학적 조사는 1787년 프랑스 J. F. La Perouse 일행의 울릉도 주변 조사를 시작으로 주로 유럽인들(1796년 영국의 W. R. Broughton, 1805년 러시아의 I. F. Kruzenshtern 등)에 의해 이루어지고 있었다. 이들을 통해 연안지역이나 표층 해류 및 해저지형에 대한 지도들이 제작되기 시작했는데, 이러한 과학조사 외에도 당시 사용하던 서양 지도들에서 동해를 '일본해'가 아닌 '한국해(Sea of Korea 혹은 Sea of Corea)'로 표기한 지도들이 자주 등장하는 점이 주목할 만하다(그림 2-1). 비록 이 시기의 서양 고지도에서 '한국해' 등 여러 이름과 더불어 종종 '일본해'로 표기한

동해, 우리가 알아야 할 미래를 품은 바다과학이 말하는 동해의 가치와 미래

지도들이 보이지만 삼국사기를 비롯한 한국의 수많은 고대문헌 기록에는 '동해'로 그 지명이 표기되어 있는 등 한민족은 2000년 이상 동해 명칭을 사용해왔다. 이후 아편전쟁을 거치며 쇠락하던 중국은 동해 연구에서 크게 멀어졌고, 1859년 해군의 동해조사 등을 통해 독자적으로 대마난류(Tsushima Current) 및 리만한류(Liman Current)와 같은 동해의 주요 해류 패턴을 파악하고 있던 것으로 보이는 러시아도 러일전쟁에서 패하면서부터는 차츰 동해 연구의 주도권을 러일전쟁에서 승리한 일본으로 넘겨주게 된다.

이후 러시아는 1917년 10월 러시아혁명과 이어진 내전(1917~1922)을 거치며 동해 연구를 중단하다시피 하였고, 1922~1945년 기간에는 일본이 동해 연구에서 독보적 위치에 차지한다. 일본 분지(Japan Basin), 야마토 융기(대화퇴, Yamato Rise) 등의 일본식 해저지명들도 이 기간 중에 명명된 것들이다. 아래에서 좀 더 자세히 다룰 예정인 일본 수산시험장 기사인 우다(M. Uda, 宇田道隆)의 1932년 동해조사는 동해의 수괴(Water mass)와 표층순환에 대한 최초의 대대적 조사라고 볼 수 있다. 우다의 연구결과는 그 이후로도 상당히 오랜 기간 동안 정설로 받아들여지게 되었다는 점을 볼 때에도 국력과 대대적인 조사를 위한 국가적 지원의 중요성을 엿볼 수 있다.

일본에 의해 독점되다시피 했던 동해조사는 2차 세계대전(1941~1945)과 한국전쟁(1950~1953)을 거치며 다시 군사적 목적 등으로 러시아, 미국 등 다른 국가들의 관심을 끌게 된다. 소비에트 연방(소련)으로 다시 태어난 러시아는 이 시기를 거치며 동해 연구를 재개하고 동해의 기상, 파랑, 조석 및 수괴에 대한 종합적인 자료를 대대적으로 수집하기 시작하였다. 1960~1970년대가 되면 한국(남한)에서도 대학에 '해양학과'가 생기면서 바다에 대한 연구가 본격적으로 시작되는데, 특히 국립수산과학원에서는 1960년대 이후로 줄곧 격월별로 우리나라 관할수역 중 특정 위치에서 관측(정선관측조사)을 실시하여 오늘날까지 50년 이상 잘 유지된 세계적으로도 드문 장기 시계열 자료를 축적할 수 있었다. 이 관측은 그 장기성을 인정받아 지난 2011년 북태평양해양과학기구(PICES)로부터 해양모니터링 공로상(POMA)을 받기도 하였다. 이 장기 시계열 자료는 한반도 주변해역의 장기 수온상승 경향을 파악할 수 있는 거의 독보적인 자료로 알려지고 있다.

무엇보다도 1970년대 이후에는 관측기술의 급격한 진보에 힘입어 정밀한 해양조사가 시작되었는데, 오늘날까지도 사용하고 있을 정도로 정확하게 수온, 염분, 압력을 측정하는 CTD(Conductivity-Temperature-Depth) 같은 대표적 해양 관측장비나 인공위성을 통한 원격탐사기술 등이 보급되기 시작하면서 동해를 비롯한 해양관측과 연구는 새로운 국면을 맞이하게 되었다. 동해의 경우 특히 국제적인 협력 필요성이 대두되며, 국제적, 체계적인 관측의 새 시대가 열리게 되었는데, 바로 2년마다 열리는 JECSS 심포지엄의 1981년 첫 회의를 통해 한국(K. Kim), 일본(M. Takematsu, J.-H. Yoon), 러시아(G. Yurasov, M. Danchenkov, Y. Volkov) 주변 3국의 선구적 과학자들이 모여 '동해를 대상으로 한 최초의 진정한 국제공동연구 프로그램'이라 불리는 크림스(CREAMS, Circulation Research of East Asian Marginal Seas) 프로그램을 탄생시킨 것이다. 이 프로그램을 통해 1993년 러시아 조사선 Professor Khromov이 동해 전역에 걸쳐 공동조사를 실시하였고, 이후 1999년까지 총 8차례의 동해 탐사를 성공리에 마치게 되었다. Part 3과 Part 4장에 소개할 많은 동해의 과학적 발견들, 특히 그 근간에는 이 시기에 3국의 과학자들이 협력적으로 수집한 자료들을 통해 밝혀낸 연구결과들이 상당부분을 차지한다. 또 1997~2001년 기간에는 미 해군연구국(ONR, Office of Naval Research)의 주도로 최첨단의 해양 관측장비들이 본격적으로 동해에 투입

동해, 바다의 미래를 묻다-과학이 담아내는 동해의 가치와 미래

되기 시작하였고, 이 과정에서 계속해서 주도권을 놓치지 않은 한국은 오늘날 '동아시아 해양 시계열(EAST, East Asian Seas Time-series)' 프로그램에서 볼 수 있는 것처럼 동해 연구를 주도할 수 있는 위치에까지 서게 되었다.

여기서는 일본강점기와 크림스 프로그램을 통한 동해 전역의 조사 및 오늘날의 동해관측 현주소에 대해 좀 더 자세히 알아보기로 한다.

그림 2-1 18세기 당시의 몇몇 서양지도 예

(위 왼쪽) 1760년에 영국에서 만든 지도로 동해를 '한국해(Sea of Corea)'로 표기

(위 오른쪽) 1751년 프랑스에서 만든 지도로 동해를 '한국해(Mer de Coree)'로 표기

(아래 왼쪽) 1792년 네덜란드에서 만든 지도로 동해를 '동양해(Mer Orientale) 또는 한국해(Mer de Coree)'로 표기

(아래 오른쪽) 1780년 영국에서 만든 러시아 지도로 동해를 '한국만(Corea Gulf)'으로 표기

일본강점기 동해조사

조선총독부 설치 초기에도 울릉도-독도 부근에서 정선관측 조사가 있었다고는 하지만(그림 2-2) 동해에 대한 대대적인 종합해양관측 연구는 지금으로부터 80여 년 전 우다(M. Uda)가 최초로 수행했다고 할 수 있다. 그는 이미 1932년에 연구선 소야(Soya), 미사고(Misago) 등 50척의 배를 동원함으로써 동해를 포함한 넓은 해역에서 바닷물의 동시적인 물리적 특성을 관측해낼 수 있었다(그림 2-3). 우다의 1934년 논문[17] 등을 통해 동해의 기본적인 수괴(Water mass)와 순환에 대한 근간이 발표되고, 그 이후로 상당히 오랜 기간 동안 이 연구결과는 학계에서 정설로 받아들여지게 된다.

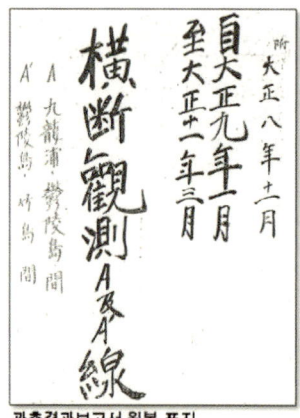

관측결과보고서 원본 표지

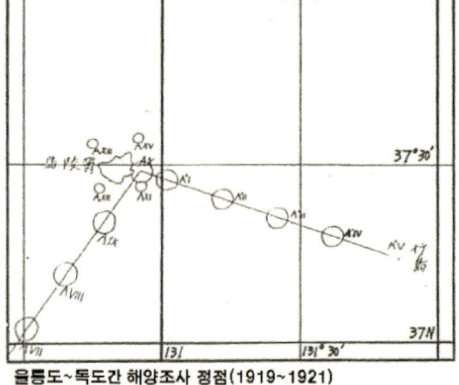

울릉도~독도간 해양조사 정점(1919~1921)

그림 2-2 1919년 3월~1921년 10월의 기간 동안 총 12회(1919년 4차례, 1920년 6차례, 1921년 2차례)에 걸쳐 조선총독부 수산과에 의해 실시된 관측결과 보고서 원본표지(왼쪽)와 울릉도-독도 사이의 조사 정점(수심 약 370m까지의 수온 및 염분조사). 독도를 '죽도'로 표기하고 있다.

[출처: 한상복 박사 제공]

17   Uda, M., 1934, The results of simultaneous oceanographical investigations in the Japan Sea and its adjacent waters in May and June, 1932, Japan Imperial Fishery Experimental Stations, 5, 57~190.

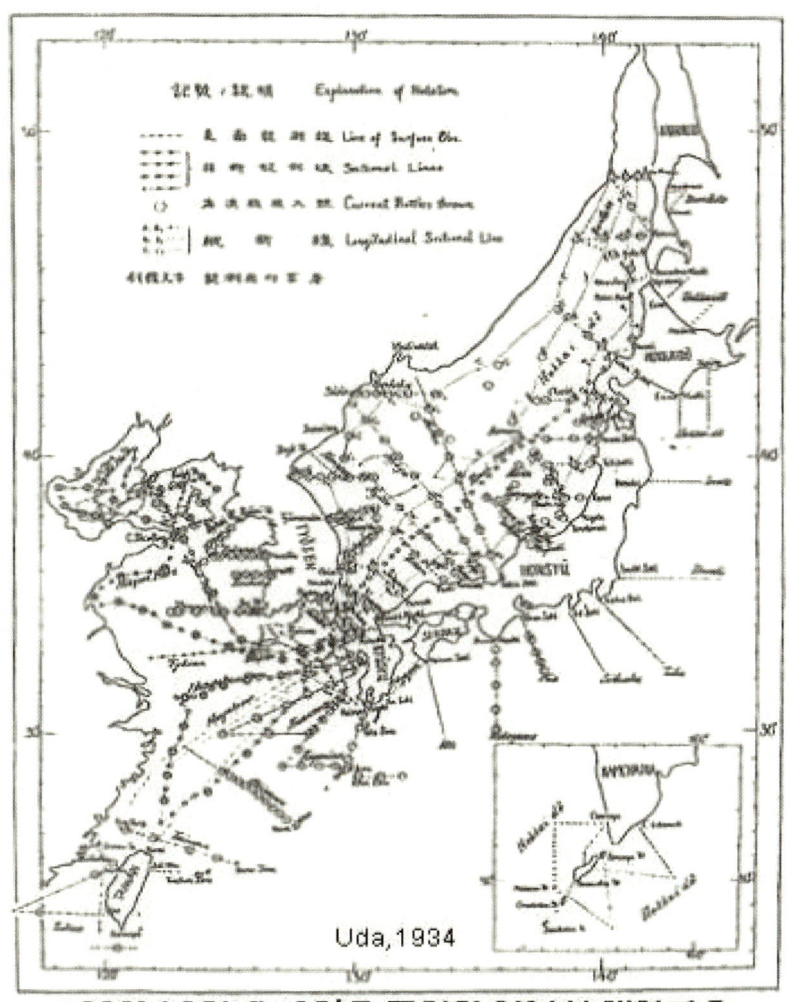

1932년 6월에 50척을 동원한 일본의 해양관측

그림 2-3 1932년 5~6월에 일본 수산시험장 소속 50척의 배를 동원하여 실시한 한반도 주변해역 조사 위치도

(해양관측점 및 횡단관측선)

[출처: 일본 수산시험장 보고서[18]]

18   자료는 이 그림이 실린 시험장 보고서 복사본에서 인용함.

1932년 4월 2일부터 6월 26일에 걸쳐 동해를 비롯한 한반도 주변해역에 대해 최대 3,000m까지 물성관측 1,743개 정점과 해류관측 40개 정점을 조사한 결과, 한류와 난류가 북위 40도 근처 표층에서 단순 교차하고, 동해 어디에서든지 수심 수백 미터 아래로만 내려가면 태평양에 비교하여 2배 이상 산소를 풍부하게 함유하고 있는 수온 0~2℃, 염분 34.04~34.1의 범위를 가진 매우 일정한 바닷물로 차 있다고 밝히고 있다. 동해 전체 바닷물의 90% 가까이를 차지하고 있는 이 고산소의 바닷물은 '동해고유수(영어명칭은 Japan Sea Proper Water)'라는 이름으로 일본 학자에 의해 제안되었다. 이 '고유수(固有水)' 이론은 1993년 시작된 크림스(CREAMS, Circulation Research of East Asian Marginal Seas) 관측 결과로 1996년 서울대학교 김구 교수 등에 의해 하나의 단일수괴가 아닌 서로 다른 수괴(Water mass)들로 이루어졌음이 밝혀지기 전까지 60년 이상 학계의 정설로 남게 되었다.

동아시아 연해 순환연구 국제공동프로그램, 크림스(CREAMS, Circulation Research of East Asian Marginal Seas)

제2차 세계대전(1941~1945)과 한국전쟁(1950~1953) 이후 관측기술의 급격한 진보가 있었던 1970년대 이후에도 동해에서는 주변국들 사이의 이해관계 등으로 1930년대 우다의 탐사에 견줄 만큼 체계적이고 동해 전체적인 탐사가 이루어지지 못하고 자국의 영해에서만 독립적으로 이루어지고 있었다. 오랜 정치적 장애를 극복하고 본격적인 동해 전체 탐사가 재개된 것은 1981년 JECSS(The Japan and East China Sea Study) 첫 회의를 시작으로 한국, 러시아, 일본 사이의 국제적 협력이 무르익으면서 그 결실로 1993년 동해의 최초 국제공동연구 프로그램-크림스(CREAMS, Circulation Research of East Asian Marginal Seas)가 탄생한 뒤였다. 주변 3국의 연구자들은 이 같은 민간

차원의 자발적인 프로그램을 통해 동해 전체에 대해 체계적인 정밀조사를 실시할 수 있게 되었다.

한국에서는 서울대학교 김구(K. Kim) 교수, 김경렬(K. R. Kim) 교수, 일본에서는 규슈대학교 다케마츠(M. Takematsu) 교수, 윤종환(J.-H. Yoon) 교수, 그리고 러시아에서는 극동수리기상연구소 볼코프(Y. Volkov) 박사가 주축이 되어 진행한 크림스 탐사결과, 동해의 수심 약 250m 이상의 깊은 바다 속에는 우다가 제안한 것처럼 전 층에 걸쳐 특성이 일정한 '동해고유수'로 알려진 하나의 동일한 수괴로 이루어진 것이 아니라, 서로 확연히 구분되는 여러 개의 수괴(Water mass)들로 이루어졌음이 밝혀지게 되었다. 즉, 우다의 관측에 비해 훨씬 정밀한 관측장비가 사용된 크림스 탐사를 통해 동해 해수는 표층에서 수심이 깊어질수록 표층수(Surface water), 중층수(Intermediate water), 중앙수(Central water), 심층수(Deep water), 저층수(Bottom water) 등 여러 개의 수괴로 구성되고, 수심에 따른 용존산소, 염분, 수온의 변화양상이 대양과 유사하며, 심층에서도 이전에 알려진 것처럼 거의 정체된 것이 아니라 바닷물의 움직임이 비교적 빨라 수직순환이 존재하는 등 이전 우다의 연구결과와는 완전히 다른 것이었다(그림 2-4). 크림스 프로그램을 통해 동해가 하나의 동일한 고유수로 채워져 있다는 우다의 생각이 더 이상 적절하지 않을 뿐만 아니라 동해에서도 대양의 컨베이어벨트(푸른행성지구 시리즈의 첫 편[19]에서 소개)와 유사한 컨베이어벨트 구조를 볼 수 있는 등 '작은 대양'으로서의 특징이 존재함을(그림 2-4)알게 되었다.

한 발 더 나아가 크림스 참여 과학자들은 동해가 빠른 속도로 변화하고 있

---

19 남성현, 2012: 바다에서 희망을 보다, 이담북스, 116.

다는 과학적인 증거도 발견할 수 있었다. 1932년 우다 관측자료 등 과거 관측자료와 비교해봤을 때, 수심 약 500m보다 깊은 바닷속에서 수온은 모든 수심대에 걸쳐 지속적으로 증가하는 경향이 나타나는 반면, 용존산소 농도는 수심 1,000m 근처에서는 증가하고, 수심 1,500m보다 깊은 곳에서는 감소하는 등 수심에 따라 다르게 변화하고 있어 동해의 심층 순환구조가 빠르게 변화하고 있음이 드러났다[Kim et al., 2001[20]]. 특히 러시아 블라디보스토크 근처에서 겨울철에 매우 찬 수온과 결빙에 의해 밀도가 높아진 표층수가 해저면 바닥 근처까지 가라앉으면서 형성되는 동해 해저면 근처의 수괴인 저층수(Bottom water)와 저층수의 위쪽에 자리 잡은 심층수(Deep water)의 부피가 크게 감소하고 있어, 과거에 비해 동해의 심층 수직순환이 약화되고 있음이 주목되었다. 이러한 심층 수직순환의 약화는 수심 1,500m 보다 깊은 곳에서의 용존산소 감소에 영향을 미치게 된다. 우다의 연구에서 언급된 동해고유수의 산소가 태평양의 동일한 수심대에 비교하여 2배 이상 풍부하게 나타난 특징은 바로 대기 중의 산소가 활발히 해수 중으로 공급되어 산소가 풍부한 표층수가 활발하게 심해로 공급된다는 의미로, 동해의 컨베이어벨트가 대양에 비해 빠르게 돌아가고 있음을 의미한다. 크림스 프로그램으로부터 추정된 동해 컨베이어벨트의 속도는 약 100년 정도로 대양의 약 1000년에 비해 10배나 빠르다. 그런데 최근 이 동해의 컨베이어벨트가 과거처럼 동해의 해저면 바닥 근처까지 활발하게 가라앉지 못하고, 약 1,000m보다 얕은 수심대에서 대부분 움직인다는 것이다. 이러한 동해의 대양적 특징과 빠른 컨베이어벨트, 그리고 최근의 급격한 심층 수직구조 변화는 전 세계 해양과학자들의 관심을 끌기에 충분한 것이었다.

20   Kim, K., K.-R. Kim, D.-H. Min, Y. Volkov, J.-H. Yoon, and M. Takematsu, 2001, Warming and Structural Changes in the East(Japan) Sea: A Clue to Future Changes in Global Oceans? Geophys. Res. Lett., 28(17), 3293~3296.

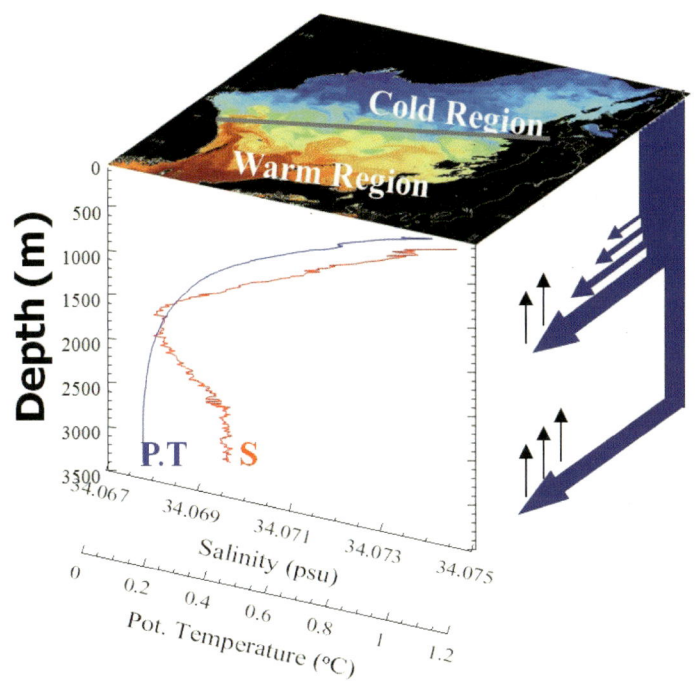

그림 2-4 동해가 가지는 작은 대양(Miniature Ocean)으로서의 특징[21]

1990년대 후반부터 2000년대 초반까지 이어진 미 해군의 대대적인 동해 연구비 투입은 바로 이러한 동해에 대한 전 세계 해양과학자들의 관심에서 비롯된 것이었다. 미국 해군연구국(ONR, Office of Naval Research)에서는 15개 이상의 연구 프로그램들을 동해에서 진행하며 1999년부터 2001년까지 2년 동안에만도 약 100억 원의 예산을 들여가며, 음파를 이용하여 해양의 특성을 조사할 수 있는 PIES(Pressure Inverted Echo Sounder) 등 신기술로 무장된 최신 첨단 관측장비들을 사용하여 동해에서 대대적인 관측을 수행하게 된다(그림 2-5). 이 조사에는 한국해양과학기술원(구 한국해양

---

21   원본 자료: 한국해양과학기술원 강동진 박사.

연구원), 서울대학교 등 한국의 해양과학자들과 미 해군을 포함한 미국 로드아일랜드대학 등 미국의 해양과학자들이 대거 참여하였다. 특히 이 조사에는 23개의 PIES가 약 60km 간격으로 울릉도, 독도 주변해역을 포함한 울릉분지에 계류되어 1999년 6월부터 2001년 7월까지 2년에 걸쳐 연속적으로 1시간 간격으로 해수 특성을 측정함으로써, 이전의 동해조사에서 얻을 수 없었던 시간적 · 공간적으로 매우 조밀한 자료들을 얻을 수 있게 되었다. 한편 PIES 관측의 연구책임자로 참여한 미국 로드아일랜드대학의 와츠(D. R. Watts) 교수는 동중국해 및 북태평양의 유사한 운영경험에 기초하여 동해 울릉분지 해역에서 약 60km 간격으로 매우 조밀하게 장비를 설치하였지만, 조사결과 훨씬 조밀한 간격의 관측이 필요했음을 언급할 정도로 동해의 순환이 매우 복잡함을 간접적으로 보여주기도 하였다. 다양한 첨단 관측장비들이 동해에서 시험, 사용되어 양질의 기초자료가 수집되었고, 이를 통해 동해는 이제 국제적 연구경쟁의 무대가 되기에 이르렀다. 비교적 단기간에 많은 과학적 발견들이 이루어지면서 많은 연구결과들이 지난 2004, 2005, 2006년에 세계적인 해양관련 국제학술지들(Progress in Oceanography, Deep Sea Research, Oceanography)의 동해 특집호를 통해 알려지기도 하였다. 특히 로드아일랜드대학의 미첼(D. A. Mitchell) 박사, 미국 해군연구소의 티그(W. J. Teague) 연구원을 비롯한 미국 연구팀은 PIES의 연구결과를 토대로 독도 주변해역의 수심 약 100m를 중심으로 주변에 비해 수온이 낮은 소용돌이가 지속적으로 나타남을 밝히고, 이러한 특이한 소용돌이를 'Dok Cold Eddy(독도 냉수성 소용돌이)'라는 이름으로 국제학술지에 발표하기도 하였다[Mitchell et al., 2006[22]].

---

22   Mitchell, D. A., W. J. Teague, J.-H., M. Wimbush, D. R. Watts, and G. G. Sutyrin, 2005, The Dok Cold Eddy. J. Phys. Oceanogr., 35, 273~288.

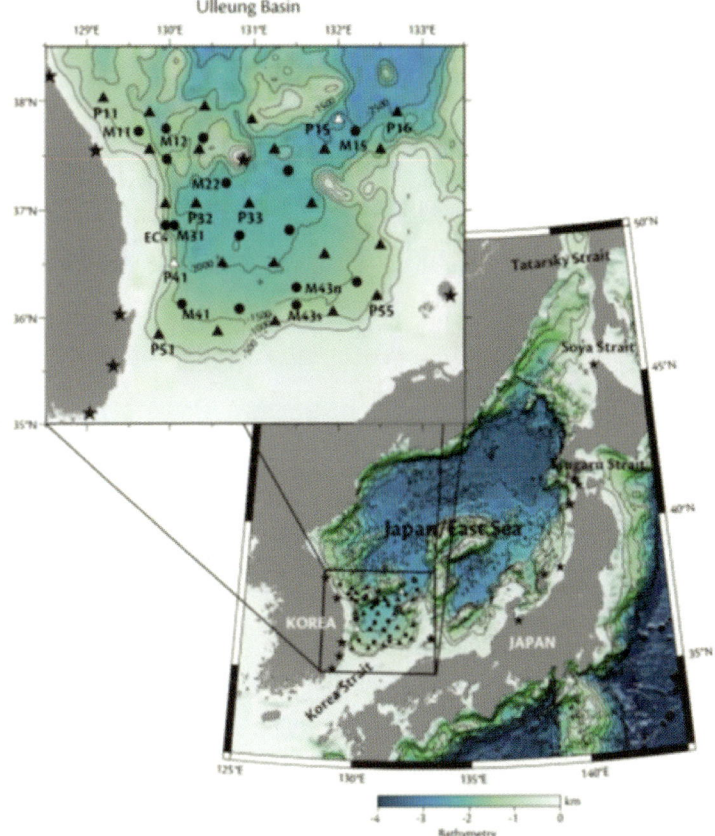

그림 2-5 미 해군과 한국 해양연구자들이 공동으로 동해 울릉분지 해역에 집중 설치했던 바닥장착형 장비들(검은 삼각형 표시: PIES-Pressure Inverted Echo Sounder, 검은 원 표시: 해류계)의 위치 분포. 해수면의 높이를 측정하고 있는 연안검조소들(검은 별 표시)의 위치와 해저지형(푸른 계열 색상, 500m 간격의 등수심선 표시)이 함께 나타나 있다.

[출처: Park et al., 2006[23]]

23   Park, J.-H., D. R. Watts, M. Wimbush, J. W. Book, K. L. Tracy, and Y. Xu, 2006, Rapid variability in the Japan/East Sea-Basin oscillations, internal tides, and near-inertial oscillations, Oceanography, 19 (3), 76~85.

동해관측의 현주소

2010년대에 들어선 오늘날은 어떨까? 한국과 미국을 포함한 세계 해양과
학자들의 많은 노력에도 불구하고 그동안 동해에서 발견된 많은 과학적 연
구결과들은 동해가 가진 모습의 매우 일부분에 지나지 않으며, 여전히 해결
되지 않은 문제들이 많이 남아 있다. 동해 구석구석까지 곳곳에서 나타나는
변화무쌍한 동해의 모든 자연현상들을 다 파악·이해하고 앞으로 일어날
일들을 예측하기 위해서는 아직도 가야 할 길이 멀다. 인공위성을 비롯한
첨단의 무인 해양 관측장비나 방법들이 동해에서 적용되고 있는 오늘날에
도 여전히 전혀 감지할 수 없거나 또는 쉽게 감지할 수 없는 시공간 규모의
다양한 현상들이 존재하고 있기 때문이다.

그러나 오늘날 동해는 세계 도처의 다른 바다에 비해 비교적 잘 관측·감
시되고 있는 바다가 되었다. 특히 여기에 한국의 해양과학자들이 주도적
으로 동해를 연구하고 있다는 점은 매우 고무적인 일이라 할 수 있겠다.
세계적 프로그램을 기획·적용하고 있는 서울대학교를 비롯한 여러 유
관기관들이 힘을 합쳐 동해를 종합적으로 관측하며 시너지(synergy)를 창
출하고 있기 때문으로 보인다(그림 2-6). 서울대학교에서는 실시간으로 해
수면 위 대기로부터 바닷속 깊은 곳까지의 환경을 관측·감시할 수 있는
복합해양부이를 개발(Nam et al., 2005[24])하여 동해시 연안에서 10년 이상 자
료를 축적해오고 있으며, 한국해양과학기술원, 부경대학교 등과 협력하

24   Nam, S. H., G. Kim, K.-R. Kim, K. Kim, L. Oh, K.-W. Kim, H. Ossi, and Y.-G.
      Kim(2005), Application of real-time monitoring buoy systems for physical and
      biogeochemical parameters in the coastal ocean around the Korean peninsula,
      Marine Technology Society Journal, 39(2), 54~64.

여 울릉도-독도 사이를 포함한 울릉분지 해역의 주요 지점에서 장기 계류선을 이용한 해류 자료를 수집해오고 있다(Chang et al., 2004[25]). 또 대한해협 해저 케이블 양단의 전압차를 이용한 대한해협 해수 수송량 모니터링(Kim et al., 2004[26])을 통해서도 10년 이상의 자료를 축적하였으며, 이와 별도로 일본 규슈대학교에서는 국립수산과학원과 협력하여 대한해협을 횡단하는 여객선 'Camellia'에 수층별 유속 및 유향을 파악할 수 있는 해류계인 ADCP(Acoustic Doppler Current Profiler)를 장착하여(Takikawa et al., 2005[27]) 대한해협의 유속 분포 및 대한해협을 통해 동해로 유입하는 바닷물의 부피를 지속적으로 관측해오고 있다. 뿐만 아니라 1961년 이후 한반도 주변 25개 관측선의 총 196개 정점에서 장기적으로 관측해오고 있는 국립수산과학원의 한반도 주변 해양관측, 1915년 이후 매일 1회 총 34개 연안 관측소에서 측정하고 있는 수온과 기온, 그리고 국립해양조사원에서 실시하고 있는 연안 34개 검조소의 해수면 고도 관측과 선박 장착형 ADCP나 군산대학교, 부경대학교, 국립해양조사원, 서울대학교 등에서 고주파 레이더를 사용한 해류관측 및 부산대학교의 표층 뜰개를 이용한 해류관측 등을 통해서도 동해관측이 이루어지고 있다. 또한 최근에는 기상청 기상연구소의 한반도 연안 해양기상 부이와 자체 해양관측망을 통해서도 동해의 환경을 관측·감시하는 중에 있다. 기상청, 국립수산과학원, 한국해양과학기술원, 서울대학교 등에서는 국제해양관측프로그램인 ARGO(Array for Real-

25   Chang, K.-I., W. J. Teague, S. J. Lyu, H. T. Perkins, D.-K. Lee, D. R. Watts, Y.-B. Kim, D. A. Mitchell, C. M. Lee, and K. Kim(2004), Circulation and currents in the southwestern East/Japan Sea: Overview and review, Progress in Oceanography, 61, 105~156.

26   Kim, K., S. J. Lyu, Y.-G. Kim, B. H. Choi, K. Taira, H. T. Perkins, W. J. Teague, and J. W. Book(2004), Monitoring Volume Transport through Measurement of Cable Voltage across the Korea Strait, J. Atmos. Ocean. Tec., 21, 671~682.

27   Takikawa, T., J.-H. Yoon, K.-D. Cho(2005), The Tsushima Warm Current through Tsushima Straits Estimated from Ferryboat ADCP Data. *J. Phys. Oceanogr.*, 35, 1154~1168.

time Geostrophic Oceanography) 프로그램의 일환으로 동해 수심 800m까지 약 10일 간격으로 오르내리며 수온, 염분, 용존산소 등을 관측하여 자료를 인공위성으로 전송하는 무인 Argo 플로트를 이용한 관측을 활발히 진행해왔다.

국제적으로도 동해의 통합 시계열 감시망을 구축하는 동해 연구 프로그램 '동아시아 해양 시계열(EAST, East Asian Seas Time-series)'이 진행 중이며, 일본과 러시아 등이 참여하는 이 프로그램을 통해 처음으로 한국은 동해 연구를 주도하는 위치에 설 수 있게 되었다. 이 프로그램을 통해 고주파 레이더를 사용한 표층해류 관측이나 조밀한 수직구조를 연속 관측할 수 있는 새로운 시스템을 비롯하여 몇몇 새로운 첨단 관측장비들의 개발이 시도되며, 동시에 러시아의 해양조사선을 이용한 동해 북부해역의 관측이나 인공위성을 활용한 연구 등 관할수역을 벗어난 동해 전체 규모의 종합적인 시계열 관측·감시가 이루어질 것으로 기대된다(그림 2-7). 동해를 철저히 알아내기 위해서는 바로 이러한 노력들을 통해 자료수집에 나타난 제한점들을 계속 극복해나가며, 지속적으로 장기 시계열 자료를 수집해야만 할 것이다. 이를 통해 동해에 산재한 수많은 과학적 문제들을 해결하며 비로소 동해를 제대로 활용할 수 있게 될 것임은 분명하다.

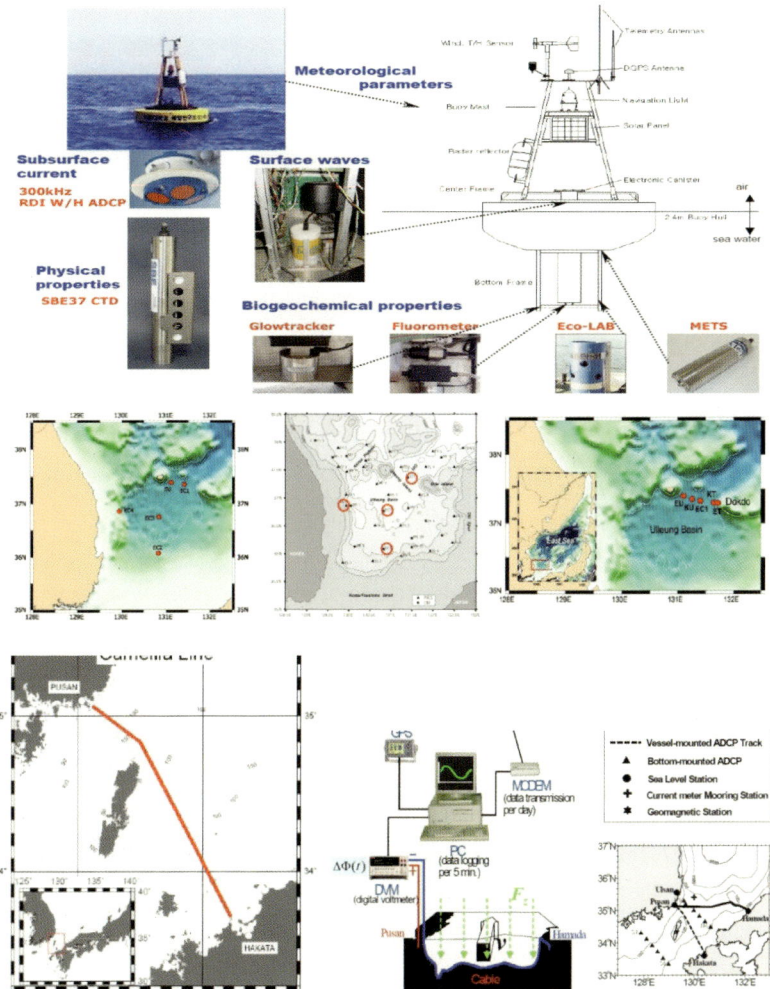

그림 2-6 (위) 서울대학교와 (주)오트로닉스사에서 개발한 실시간 연안복합해양부이(Nam et al., 2005[28])

(중앙) 서울대학교(한국해양과학기술원, 부경대학교 등 유관기관 협조)에서 수집 중인 장기 계류선의

해류계 설치 지점들(Chang et al., 2004[29])

(아래 왼쪽) 국립수산과학원과 일본 규슈대학교 사이의 대한해협 페리보트 'Camellia'를 이용한 대

한해협 해수 수송량 모니터링(Takikawa et al., 2005[30]) 관측선

(아래 오른쪽) 서울대학교(KT 협조)의 대한해협 해저 케이블 양단 전압차를 이용한 대한해협 해수 수

송량 모니터링(Kim et al., 2004[31]) 모식도

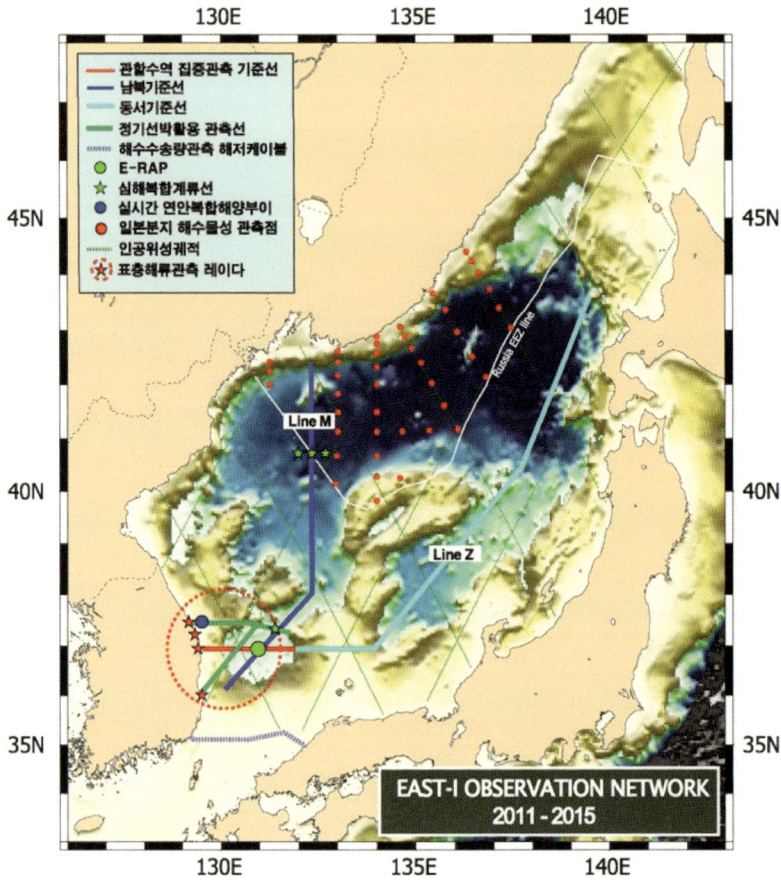

그림 2-7 '동아시아 해양 시계열(EAST, East Asian Seas Time-series)' 프로그램을 통해 구축 중인 동해의 통합 시계열 감시망

동해, 바다의 미래를 묻다·과학이 말하는 동해의 가치와 미래

28   Takikawa, T., J.-H. Yoon, K.-D. Cho(2005), The Tsushima Warm Current through
      Tsushima Straits Estimated from Ferryboat ADCP Data. *J. Phys. Oceanogr.*, 35,
      1154~1168.

29   Kim, K., S. J. Lyu, Y.-G. Kim, B. H. Choi, K. Taira, H. T. Perkins, W. J. Teague,
      and J. W. Book(2004), Monitoring Volume Transport through Measurement of
      Cable Voltage across the Korea Strait. J. Atmos. Ocean. Tec., 21, 671~682.

황천 4급 떴는데 어디 가는 거야?

'황천'이란 해군이나 해경에서 사용하는 용어로 바람과 파도에 따른 해상 상태를 나타내는 용어이다. 7급, 6급, 5급, 4급 등 숫자가 작아질수록 바람과 파도가 강한 것에 해당된다. 폭풍주의보나 그 이상은 3급이나 2급, 태풍 시에 1급까지 내려지며 항구로 피항을 하게 된다. 4급은 상대적으로 높은 파고인 3.1~4.0m 상태를 의미하며 큰 함정이 아닌 이상 어지간한 함정들은 모두 피항을 하거나 가급적 출동하지 않도록 되어 있다. 해군에서는 황천 준비를 하면 일반적으로 3단계 태세에 따라 함정의 열려 있는 출입구들을 닫고, 부착물 등 여러 사항을 점검하면서 묶을 곳을 단단히 고정하고, 실내 물건들도 정리하는 등의 여러 준비를 하게 된다.

수년 전 해군 1함대의 협조로 연구팀은 강원도 동해항에서 두 척의 해군 함정 도움을 받아 동해 연안의 내부파를 대대적으로 조사하기로 하였다. 여러 장비들을 바닷속에 며칠 동안 설치해 두고, 이 장비들을 회수하기 전까지 부근을 지속적으로 조사하며 장비를 점검한 뒤 회수하는 계획이었다. 그러나 장비들을 설치해두고 점검하려 장비를 설치한 해역으로 가려

30   Nam, S. H., G. Kim, K.-R. Kim, K. Kim, L. Oh, K.-W. Kim, H. Ossi, and Y.-G. Kim(2005), Application of real-time monitoring buoy systems for physical and biogeochemical parameters in the coastal ocean around the Korean peninsula, *Marine Technology Society Journal*, 39(2), 54~64.

31   Chang, K.-I., W. J. Teague, S. J. Lyu, H. T. Perkins, D.-K. Lee, D. R. Watts, Y.-B. Kim, D. A. Mitchell, C. M. Lee, and K. Kim(2004), Circulation and currents in the southwestern East/Japan Sea: Overview and review, Progress in Oceanography, 61, 105 156.

는데, 날씨가 허락하지 않는 것이었다.

아침 일찍 두 척의 함정 모두 출항했으나 '황천 4급' 연락을 받은 연안대잠정은 곧바로 다시 동해항으로 복귀하게 되었다. 그러나 필자가 타고 있던 고속정에서는 어찌 된 일인지 '황천 4급' 연락을 못 받은 것처럼 계속해서 장비가 있는 먼 바다 쪽으로 이동하고 있었다. 후에 알게 된 사실이지만 연구팀으로 함께 승선했던 해군사관학교 출신 선배의 독려에 따라 그 후배이셨던 고속정의 정장님이 바로 피항하지 않고 좀 더 관측을 지속했기 때문이라고 한다.

"야, 대한민국 해군이 이 정도 바다에 그냥 돌아가서야 되겠어? 여기 학생들도 이렇게 열심인데……."

당시 피항하던 연안대잠정 쪽에서 볼 때는 험난한 파도에 보였다가 안 보였다가 하면서도 계속해서 먼 바다 쪽으로 멀어져가는 고속정이 자칫 위험해 보였다고 하니 걱정을 끼쳐드렸던 일이었음에는 틀림없던 것 같지만 이런 과정을 통해 매우 귀중한 자료를 얻을 수 있었고, 장비들도 안전히 회수할 수는 있었다는 면에서 감수(?)할 만한 것이 아니었나 한다.

하여간 이렇게 해군의 큰 도움까지 받아가며 어렵게 수집된 자료들을 분석했기 때문에 동해 내부파에 대해 많은 새로운 발견들이 가능했으며, 국제적인 논문에도 연구결과들이 실렸음은 물론, 이런 과정으로 밝혀진 동해 내부파에 대한 과학적 사실들이 궁극적으로는 대한민국 해군의 대잠작전 수행에도 큰 도움이 될 것을 믿어 의심치 않는다.

Part **3**

동해를
채우는 물

Part 3. 동해를 채우는 물

앞 장에서 왜 동해를 연구하는 것이 중요하고, 동해를 관측하기 위해 해양 과학자들이 그동안 어떤 노력들을 해왔는지에 대해 소개했다. 여기서는 이런 노력들을 통해 밝혀진 동해의 연구결과들 중에서도 가장 기본이 되는 동해를 채우고 있는 바닷물이 어떤 것인가 하는 궁금증을 다소나마 해소하려고 한다. 이런 궁금증의 바탕에는 동해에 존재하는 바닷물이라고 해서 다 똑같은 물이 아니라는 전제가 깔려 있다. 실제로 동해는 바닷물의 온도(수온), 짠 정도(염분), 그리고 녹아 있는 산소량에 따라 특성이 다른 몇몇 종류의 바닷물이 동시에 나타나고 있으며 이들이 독특한 구조를 가지고 끊임없이 순환하면서 동해의 현재 모습을 만들어내고 있다. 그러나 한편으로는 기후변화 등의 요인으로 이러한 구조에 변화가 나타나고 있는 것 또한 사실이다. 여기서는 그동안 '동해에 취한' 해양과학자들이 동해조사를 통해 밝혀낸 동해 바닷물의 수괴(Water mass) 특성과 구조, 순환과 기원, 그리고 기후변화에 따른 바닷물 특성의 변화에 대해 살펴보기로 한다.

해양과학자들은 바닷물의 수온, 염분, 용존산소량 등의 특성을 조사하기 위해 1970년대에 개발된 CTD(Conductivity-Temperature-Depth)라는 해양조사 장비를 사용해오고 있다. 이들은 연구선의 윈치(Winch)[32]에 부착한 CTD 장비를 바닷속 깊숙한 곳까지 내렸다가 올리는 방식으로 수심에 따라 바닷물의 특성이 어떻게 분포하고 있는지를 알아낸다. 물론 이보다 더 이전이었던 1930년대 우다의 연구 등에서는 사용되지 않았지만(보다 전통적인 방

동해, 바다의 미래를 묻다 과학이 답하는 동해가 가지는 미래

---

32   선박에서 장비 등을 매달은 와이어로프를 감는 데에 쓰는 도구이다.

식의 측정법 사용), 수온, 염분 및 용존산소의 세밀한 구조를 매우 정밀하게 측정할 수 있는 CTD는 오늘날까지도 전 세계 바닷물의 특성을 파악하기 위해 세계 각국에서 지속적으로 사용할 정도로 보편적인 표준장비라 할 수 있다. 1990년대부터 이루어진 동해의 크림스(CREAMS, Circulation Research of East Asian Marginal Seas) 프로그램에서도 이 CTD 장비가 사용되었으며 이를 통해 동해를 채우고 있는 서로 다른 종류의 바닷물, 즉 수괴(Water mass) 특성과 구조를 구분할 수 있었음은 물론 그 순환과 기원 나아가 최근의 기후변화와 연관된 변화까지도 파악할 수 있게 되었다는 점에서 CTD는 매우 기본적이면서도 동시에 해양과학 연구의 필수장비라 할 수 있겠다.

수괴(Water mass)의 특성과 구조

앞에서도 언급한 것처럼 무려 50여 척의 배를 동시에 동원하여 동해를 조사한 우다(M. Uda)는, 남북방향 길이 약 1,600km, 동서 최대 너비 약 1,100km, 면적 100.8만km^{2}에 달하는[33] 동해 어느 곳에서나 수심 수백m 아래로 내려가면 수온이 거의 섭씨 0도에 가까운 매우 찬 해수로 가득 차 있는 것을 발견하고 이 바닷물에 '동해고유수(Japan Sea Proper Water)'라는 이름을 붙였다. 이 고유수는 수온이 낮을 뿐만 아니라 용존산소 농도 또한 높은데, 실제로 동해와 태평양 전체의 용존산소 분포를 비교해보면 동해의 용존산소 농도가 북태평양에 비해 월등히 높다는 점을 알 수 있다(그림 3-1). 대양의 컨베이어벨트(푸른 행성 지구 시리즈의 첫 편[34]에서 소개)를 따라 열염

---

33   동해의 남쪽 경계를 한국 울기와 일본 川尻御埼 간의 선으로 기준하는 국립수산과학원의 정의를 기준으로 할 때 동해의 면적은 1,007,600km^{2}이다.

34   남성현, 2012: 바다에서 희망을 보다, 이담북스, 116.

분순환이 일어나면서 북대서양에서 가라앉은 고산소의 심층수는 전 세계 대양을 순환하며 태평양에까지 이르게 되면 오랜 기간 동안 수중의 생화학적인 반응 등에 의해 산소가 소모되어 일반적으로 그 농도가 낮아지게 되는데, 남태평양을 거쳐 마지막에 도달하는 북태평양에서는 용존산소의 농도가 매우 낮은 편이다. 그러나 북태평양의 다른 곳과 달리 유독 동해에서만 매우 높은 용존산소가 나타나는 것을 그림 3-1에서 확인할 수 있다. 이것은 바로 대양의 컨베이어벨트가 시작하는 그린란드 인근 해역과 비슷하게 동해에서도 용존산소가 풍부한 표층 해수의 침강이 활발하게 일어나는 해역이 존재하고 있으며, 그러한 바닷물이 동해 내부에서 잘 순환하고 있음을 의미한다. 동해의 대부분은 이처럼 표층에서 생성되어 침강한 매우 찬 고산소의 바닷물로 채워져 있다.

그러나 앞에서도 언급하였듯이 1990년대 들어서면서 '크림스(CREAMS, Circulation Research of East Asian Marginal Seas)' 탐사를 통해 해양과학자들은 북태평양에 비해 월등히 높은 용존산소에도 불구하고 그 수심에 따른 변화 양상이 대양과 유사하여 동해의 깊은 바닷속에는 '고유수'로 명명된 한 가지의 수괴(Water mass)만이 아닌 중앙수, 심층수,[35] 저층수 등 여러 다른 수괴들이 함께 존재하고 있다는 점을 발견하게 된다. 표 3-1은 크림스 탐사를 통해 최초로 밝혀진 동해의 서로 다른 수괴들을 나타낸다.

크림스 과학자들은 동해에서 수심이 깊어짐에 따라 수온은 감소하고, 염분은 줄어들다가 다시 늘어나 수심 1,500m 부근에서 염분 최소층이 존재

---

35   일반에서 '해양심층수'라 통칭할 때의 심층수와는 구분되는 엄격한 해양학적 의미의 '심층수(Deep Water)'를 의미하며, 표 3-1에 정리된 동해심층수와 같은 수괴를 의미한다.

하며, 용존산소 역시 수심에 따라 뚜렷한 농도변화가 나타나 이보다 깊은 수심인 2,000m 부근에서 산소 최소층이 나타나는 등(그림 3-2) 홍미로운 구조들이 나타나는 것을 알게 되었는데, 이런 모습은 바로 태평양과 같은 대양의 전형적인 특징이라 할 수 있다. 따라서 우다의 주장처럼 동해의 깊은 바다가 '고유수' 하나로만 채워져 있는 것이 아니고, 수심에 따라 변화하는 구조를 가진 서로 다른 수괴들의 조합으로 보는 것이 더 적절할 것이다. '크림스' 과학자들은 동해에 존재하는 서로 다른 특성의 수괴들을 '동해중층수', '고염중층수', '동해중앙수', '동해심층수', '동해저층수' 등의 이름으로 명명하였다(표 3-1 참고).

이처럼 동해 내에 서로 확연히 구분되는 여러 다른 수괴들이 존재함을 새롭게 파악할 수 있었던 것은 이들이 정밀한 CTD 장비를 사용하여, 한국-러시아-일본 삼국 공동으로 동해 전역의 조사를 실시했기 때문이다. 수심에 따른 염분 변화 정도가 대양에 비해 매우 작은 동해의 특성을 고려할 때, CTD와 같은 정밀한 관측장비로 동해 전역을 관측하지 않고서는 사실상 이러한 특징들을 구분해내는 것은 거의 불가능한 일이었다. 동해 연구는 오히려 해양연구에서 CTD와 같은 정밀한[36] 측정장비가 얼마나 중요한지를 보여준 좋은 예라고 할 수 있겠다.

---

[36] CTD 중의 하나인 미국 Sea-Bird사에서 제작한 SBE 911plus 시스템은 초당 24개의 자료를 획득하며, 자료의 정확도는 수온의 경우 0.001도, 염분을 측정하기 위한 전기전도도의 측정 정확도는 0.0003S/m이고, 측정분해도(resolution)는 수온의 경우 0.0002도, 전기전도도는 0.00004S/m이다

Oxygen (μmol/kg) 1000 m

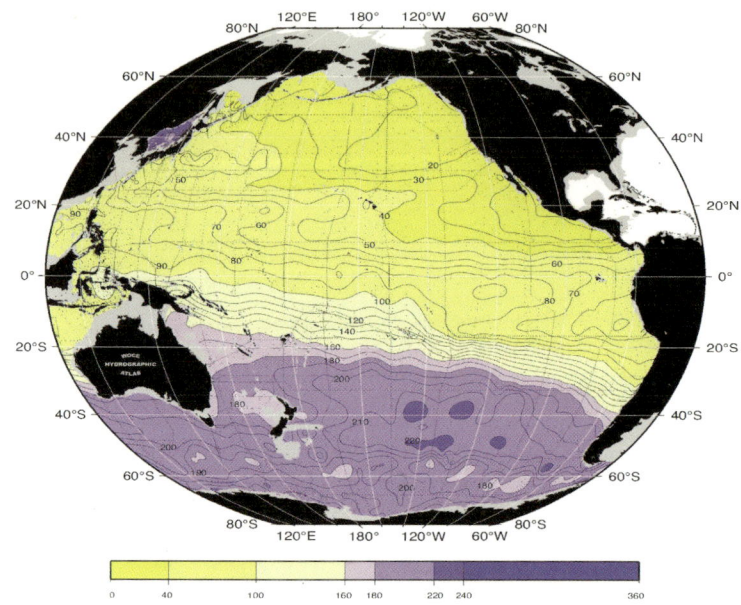

그림 3-1 동해를 포함하는 태평양의 수심 1,000m 용존산소 분포. 노란색 계열로 표시한 부분에 비해 보라색 계열로 표시한 부분에서 용존산소량 농도가 높다. 남태평양에 비해 북태평양에서는 전반적으로 용존산소 농도가 낮으나, 유독 동해만큼은 매우 높은 용존산소 농도가 나타난다.

[출처: WOCE Pacific Ocean Atlas[37]]

37   Talley, L. D., 2007, Hydrographic Atlas of the World Ocean Circulation Experiment(WOCE), Volume 2: Pacific Ocean (eds. M. Sparrow, P. Chapman and J. Gould), International WOCE Project Office, Southampton, U. K., ISBN 0-904175-54-5.

표 3-1 동해 수괴(Water mass)들의 정의

수괴(Water mass)	온위[38] (Potential temperature, ℃)	염분	용존산소 (μmol/l)	분포 특징
대마난류수 (Tsushima Warm Water)	〉10	〉34.3		주로 북위 41도 이남
동해중층수 (East Sea Intermediate water)	1~5	〈34.06	〉250	서일본분지와 울릉분지
고염중층수 (High Salinity Intermediate Water)	1~5	〉34.07	〉250	동일본 분지
동해중앙수 (East Sea Central Water)	0.12~0.6	〉34.067		1,500m 이내의 수심
동해심층수 (East Sea Deep Water)	〈0.12	34.067~34.070		1,500m 이상의 수심
동해저층수 (East Sea Bottom Water)	〈0.073	34.070		해저면 부근 혼합층

[출처: Kim et al., 2004[39]]

---

38 수심 증가에 따른 압력 증가로 나타나는 온도상승을 배제한 수온. 수심 2,000m의 경우 압력 증가로 약 0.0035℃가 높아질 수 있다.

39 Kim, K., K.-R. Kim, Y.-G. Kim, Y.-K. Cho, D.-J. Kang, M. Takematsu, and Y. Volkov(2004), Water masses and decadal variability in the East Sea (Sea of Japan), Progress in Oceanography, 61, 157~174.

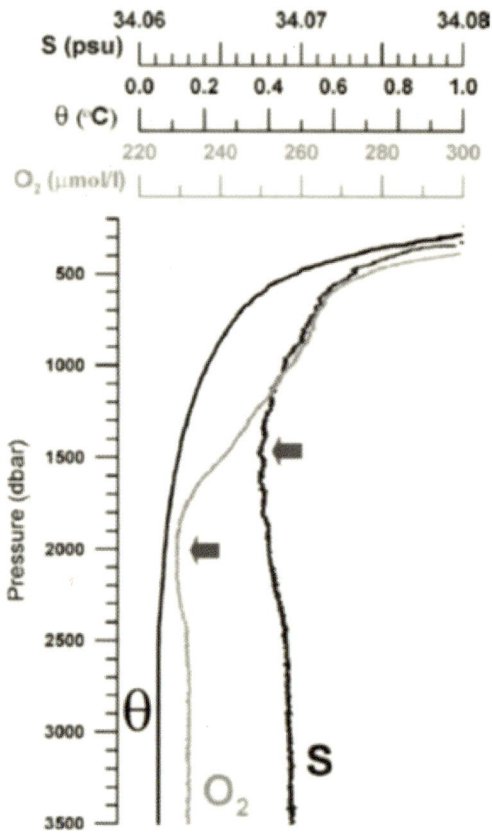

그림 3-2 동해 북동쪽 동일본분지에서 나타나는 전형적인 온위(θ), 염분(S), 용존산소(O2)의 수직구조

[출처: Kim et al., 2004[40]]

40   Kim, K., K.-R. Kim, Y.-G. Kim, Y.-K. Cho, D.-J. Kang, M. Takematsu, and Y.
      Volkov(2004), Water masses and decadal variability in the East Sea(Sea of Japan),
      Progr. Oceanogr., 61, 157~174.

동해 바닷물의 기원과 순환

앞에서 동해를 채우고 있는 몇몇 종류의 바닷물, 수괴들의 특성과 그 수직적인 구조가 어떠한지에 대해 간단하게나마 살펴보았는데, 그렇다면 이처럼 서로 다른 수괴들이 과연 어디에서 어떻게 만들어지는 것이며, 또 어디로 흘러 어떻게 이동하고 있는지에 대해서 좀 더 알아보기로 하자. 각수괴들의 기원을 이해하기 위해서는 동해에서 바닷물의 순환이 어떤 방식으로 이루어지고 있는지를 먼저 파악할 필요가 있다.

미국 스크립스 해양연구소 조사선 R/V Revelle과 러시아 해양조사선 Professor Khromov를 이용하여 동해 전역의 조사가 있었던 1999년 여름철의 표층에서 주요 해류, 전선 및 소용돌이 분포를 나타낸 그림 3-3은 동해의 개략적인 순환구조를 잘 보여준다. 동해의 표층에는 검정색으로 표시한 극전선(Subpolar Front)을 기준으로 북쪽에는 찬 냉수가, 남쪽에는 따뜻한 온수가 분포하는데, 일반적으로 수온이 낮을수록 밀도가 증가하여 무거워지기 때문에 북쪽에서 만들어지는 냉수는 무거워져 가라앉게 되고, 남쪽의 온수는 무거운 냉수 위의 표층 부근에만 존재하게 된다. 또 냉수는 중층 혹은 심층에서 한류를 타고 남쪽으로 흐르는 반면, 표층에서는 난류를 타고 북쪽방향으로 흐른다. 동해는 특히 남쪽의 대한해협을 통해 북태평양 기원의 바닷물이 유입하고, 동쪽의 쓰가루해협(Tsugaru Strait)과 소야해협(Soya Strait)을 통해 유출되는 독특한 유출입 구조를 가진다. 대마난류(Tsushima Current)를 타고 대한해협을 통해 유입된 온수는 동해 내에서 2개 혹은 3개로 갈라지면서 각각 구불구불한 경로를 보이며 사행하게 되는데, 동한난류(East Korean Warm Current)와 일본연안의 분지류(Nearshore Branch)가 대표적인 남쪽의 난류들이다(그림 3-3, 붉은색). 반대로 북쪽 러시아 연안을 타고 남서쪽으로 향하는 리만한류(Liman Current or Primorye Current)나 북한연안의 북한한류(North Korean Cold Current)는 대표적인 동해의 한류들이다(그림 3-3, 파란색).

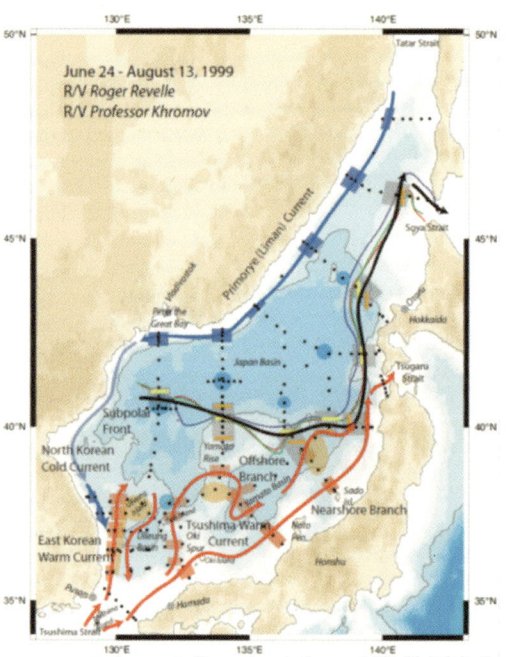

그림 3-3 1999년 여름 조사기간의 동해 주요 표층 해류, 전선 및 소용돌이들. 붉은색은 대마난류(Tsushima Warm Current)와 동한난류(East Korean Warm Current), 검정색은 아한대 극전선(Subpolar Front), 파란색은 리만한류(Primorye Current)와 북한한류(North Korean Cold Current), 그리고 주황색 및 하늘색 표시 영역들은 소용돌이들의 위치를 각각 나타낸다.
[출처: Talley et al., 2006[41]]

동해, 바다의 미래를 묻다—과학이 말하는 동해의 가치와 미래 최근 연구를 통해 정리된 동해의 수괴별 특성·구조와 기원을 표 3-2에 나타내었다. 수심 150m 이내에 잘 나타나는 대마난류수는 대한해협을 통해 유입된 북태평양 기원의 해수이고, 동해중층수(East Sea Intermediate Water)나 고염중층수(High Salinity Intermediate Water)처럼 동해 자체적으로 북부 해역에서 무거워진 냉수가 가라앉아 남하하는 해수들도 존재한다. 또 심해대류나 해빙형성과정에서 염분증가로 가라앉으며 형성된 것으로 이해되고 있는 동해중앙수(Central Water), 동해심층수(Deep Water), 동해저층수(Bottom Water)와 같은 해수들이 동해의 심해를 채우고 있다. 이처럼 동해에는 수온(또는 온위), 염분과 용존산소 등의 특성을 달리하여 구별되는 몇몇 종류의 수괴들이 서로 다른 방식으로 형성되어 동해 내에서 혹은 표층수의 경우 태평양과 교류하며 순환하고 있다.

또 '크림스' 과학자들은 동해 심층에서 비교적 빠른 흐름(예: 수심 3,000m에서 하루 50km를 이동할 수 있는 강한 해류)을 측정하였는데, 이것은 동해 내의 바닷물 움직임이 빠르고 수직적인 순환도 존재함을 암시하는 것이다. 동해는 수심이 얕고 비교적 좁은 해협들(대한해협, 쓰가루해협, 소야해협)을 통해서만 태평양과 연결되므로 해협들의 수심보다 월등히 깊은 수심 1,000m 이상의 심해에서는 해협을 통한 유출입이 사실상 불가능하므로 정체되어 있을 것으로 예상하기 쉬우나, 실제 '크림스' 탐사과정에서 관측된 동해의 심층 유속은 지속적으로 한쪽 방향의 해류가 예상보다 크게 나타나는 등 동해 심층 순환이 매우 활발하게 일어나고 있음을 보여주는 결과였다. 즉, 표층 순환과는 별도의 심층 순환이 동해 내에 존재하고 있으며, 후속 연구들을 통해 과학자들은 앞에 언급한 동해중층수, 동해중앙수, 동해심층수, 동해저층수와 같은 수괴들이 동해의 심층에서 지속적으로 움직이며 독특한 순환구조를 가지는 점을 확인하였다. 이처럼 표층과 심층의 서로 다른 순

표 3-2 동해 수괴(Water mass)들의 특성과 구조 및 기원

수괴(Water mass)	특성 · 구조	기원
대마난류수 (Tsushima Warm Water)	수심 150m 이내의 수직적인 염분 최대층	대한해협을 통한 유입 및 국지적인 증발
동해중층수 (East Sea Intermediate Water)	상층부의 염분 최소층	북쪽의 저염수가 아한대 극전선을 가로지르며 남쪽으로 침강
상부고유수 (Upper Japan Sea Proper Water)		아한대환류의 외해 대류
고염중층수 (High Salinity Intermediate Water) (Upper Japan Sea Proper Water)	수심 200~500m의 염분 최대층	아한대환류의 북동부에서 대마난류수의 표층냉각에 따른 침강
동해중앙수 (Central Water)	염분 최대층과 심해염분 최소층 사이	심해 대류
하부고유수 (Lower Japan Sea Proper Water)		해빙 형성과 염분 방출 가능성
심해 염분 최소층 (Deep Salinity Minimum) (Lower Japan Sea Proper Water)	심해 약 1,500m 수심의 염분 최소층	아한대환류의 서쪽에서 발생하는 대류 혹은 염분 방출
용존산소 최소층(Oxygen Minimum) (Lower Japan Sea Proper Water)	심해 약 2,000m 수심의 용존산소 최소층	생물학적 산소 소모
동해심층수(Deep Water) (Lower Japan Sea Proper Water)	심해 염분 최소층과 저층수 사이	해빙 형성과 염분 방출 가능성
동해저층수(Bottom Water) (Lower Japan Sea Proper Water)	고산소의 저층	해빙 형성과 염분 방출
바닥단열층(Bottom Adiabatic Layer) (Lower Japan Sea Proper Water)	수직적으로 균질인 바닥층	바닥 부근 해수의 난류혼합

[출처: Talley et al., 2006[42]]

동해, 바다의 미래를 묻다-과학이 말하는 동해의 과거와 미래

41   Talley, L. D., D.-H. Min, V. B. Lobanov, V. A. Luchin, V. I. Ponomarev, A. N. Salyuk, A. Y. Shcherbina, P. Y. Tishchenko, and I. Zhabin(2006), Japan/East Sea water masses and their relation to the sea's circulation, Oceanography, 19(3), 32~49.

환은 필연적으로 수직적인 순환을 동반하게 된다. 동해는 바로 대양의 컨베이어벨트처럼, 북부해역에서 용존산소가 풍부한 표층 냉수의 결빙[42]과 침강이 일어나고 남하한 이들 냉수가 심층에서 여러 경로를 통해 남하하여(예: 수온이 섭씨 0.1도 미만의 일본분지 기원의 저층 냉수는 한국 연안과 울릉도-독도 단면을 통해서 남하하여 심지어 남쪽의 대한해협 근처까지도 영향을 미치고 있다), 여름철에 울산 근처 감포 주변해역에서 해안선에 평행한 남동풍의 바람 등에 의해 깊은 곳의 바닷물이 표층으로 올라오는 용승현상이 존재하는 등 그야말로 대양의 많은 현상들을 볼 수 있는 '작은 대양' 혹은 '대양의 축소판'으로 볼 수 있는 바다가 동해이다. 이처럼 결빙하고 침강하고 용승하며 자체적인 빠른 순환이 일어나는 매우 역동적인 바다인 동해에서도 최근의 이상기후와 관련한 여러 구조적 변화들이 나타나고 있는데, 다음 절에서 이에 대해 알아보기로 한다.

기후변화의 최전선

최근의 이상기후와 관련된 변화들은 전 세계 도처에서 나타나고 있다. 매년 새로 기록을 갱신하는 기후통계학적 자료들을 볼 때에 기후변화와 이상기후는 이미 현실이 되어 있음이 분명해 보인다. 그렇다면 동해에서도 과연 최근의 이상기후와 관련된 구조적 변화를 볼 수 있는 것일까? 동해의 깊은 바다 속에서도 그러한 변화가 나타나고 있을까? 이 같은 변화가 일어나고 있다면 어떻게 그리고 얼마나 빠른 속도로 나타나고 있는 것일까? '크림스' 과학자들의 연구결과는 이러한 궁금증들을 풀어낼 수 있

---

42   러시아 블라디보스토크 앞 바다와 타타르스키 해협이 위치한 북쪽 끝단에서는 추운 겨울
      철에 비닷물이 얼게 되는 결빙이 일어날 수 있다.

는 여러 실마리들을 제공하고 있다. 1969년, 1979년, 그리고 1996년 크림스 관측으로 파악된 수온(왼쪽)과 용존산소(오른쪽)의 수직구조를 비교해보면, 수온과 달리 용존산소에서는 수직적인 구조 자체에 변화가 일어난 것을 알 수 있다(그림 3-4). 과거에 비해 1996년에는 표층을 제외하고 거의 전 수심에 걸친 수온의 증가를 경험한 반면, 용존산소는 수심에 따라 그 변화 방향을 달리하며 수직적인 구조 자체에 변화가 일어나고 있는 것이다. 즉, 용존산소 최소값이 나타나는 수심이 1,000m 부근에서부터 2,000m 부근으로 점점 깊어지면서 수심 1,000m 부근에서는 용존산소의 증가가 수심 2,000m 아래에서는 용존산소의 감소가 일어난 것을 확인할 수 있다. 동해의 북쪽에서 형성되는 차고(따라서 주위보다 무거워 가라앉게 되는) 용존산소가 높은 바닷물이 예전처럼 더 깊은 수심에까지 미치지 못하고 점차 1,000m 부근의 중층으로만 국한될 수 있음을 시사하는 결과이다.

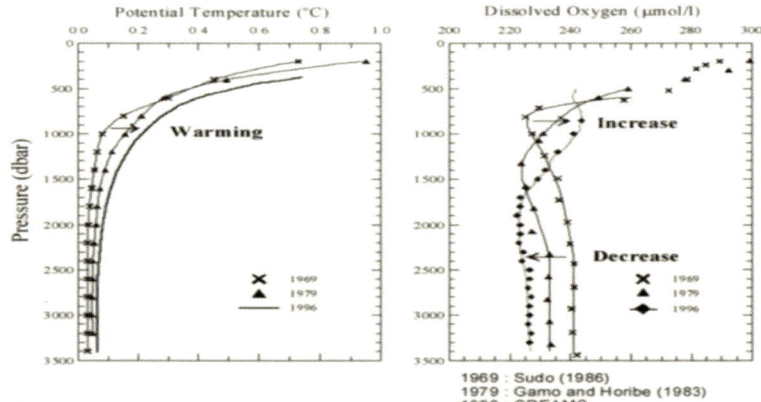

그림 3-4 동해 북동쪽 동일본분지에서 1969년과 1996년 사이에 나타난 온위[43](θ)와 용존산소(O2)의 변화
[출처: Kim et al., 2004[44]]

43   압력으로 인한 수온변화 효과만큼을 제거한 수온.

44   Kim, K., K.-R. Kim, Y.-G. Kim, Y.-K. Cho, D.-J. Kang, M. Takematsu, and Y. Volkov(2004), Water masses and decadal variability in the East Sea(Sea of Japan), Progress in Oceanography, 61, 157~174.

대기 중에서 표층으로 녹아든 용존산소는 가라앉는 물과 함께 해저면 근처로 전달되는데, 이러한 최근의 수직구조 변화는 기후변화로 인한 수온의 증가로 표층의 바닷물이 충분히 무거워지지 못하여 해저면 근처까지 가라앉지 못하고 중층으로 주로 공급되고 있음을 암시한다. 이러한 현상이 대양에서 일어나는 경우 영화 <투모로우>에서 주목되었듯이 대양의 컨베이어벨트가 약화되어 컨베이어벨트에 의한 저위도와 고위도 사이의 열교환 감소로 빙하기가 도래할 수 있다는 점에서 시사하는 바가 큰 결과이다. 실제로 최근 연구들은 대양에 비해서도 매우 빠른 동해의 표층 수온 상승 경향을 보고하고 있다. 1955년부터 1998년 동안에 전 세계 대양의 수심 3,000m까지 열용량 변화를 감안할 때 100년에 섭씨 0.08도로 증가하고 있는 반면에[45] 동해의 경우 독도해역의 심층에서 보고된 수온상승 비율이 100년에 섭씨 0.17도로 대양의 수온상승 비율보다 높다. 물론 표층

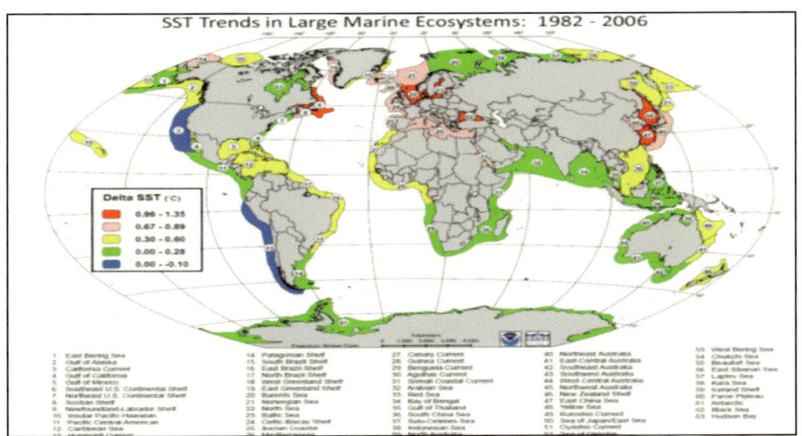

그림 3-5 1982년부터 2006년 사이에 나타난 주요 해양 생태계의 표층 수온변화 추세

[출처: NOAA Large Marine Ecosystems of the World[46]]

45   Levitus S., J. Antonov, and T. Boyer, 2005, Warming of the world ocean, 1955~2003, Geophys. Res. Lett. 32, doi:10.1029/2004GL021592.

46   http://www.lme.noaa.gov/.

수온의 경우에는 그 차이가 이보다 더 확연히 드러나며, 1982년부터 2006년 사이에만 해도 동해의 표층 수온이 섭씨 0.96~1.35도의 증가가 나타났다고 한다. 그림 3-5는 전 세계 주요 해양 생태계에서 1982년부터 2006년 사이에 어느 정도의 표층 수온증가가 나타났는지를 나타내고 있는데, 동해는 다른 몇몇 바다와 함께 붉은색으로 표시되어 그 상승률이 가장 높은 곳 중의 하나임을 알 수 있다.

최근의 이상기후와 관련된 동해의 변화는 수온 등의 물리적인 과정에만 국한된 것이 아니라 화학적인 과정에서도 변화가 감지되고 있다. 대기 중 온실가스의 증가로 인한 이산화탄소 농도의 증가는 바닷속으로 흡수되는 탄소 농도도 증가시켜 바닷물을 산성화시키고 있는데(해양산성화, 푸른행성지구 시리즈의 첫 편[47]에서 소개), 동해의 경우도 예외가 아닌 것으로 보인다. 아니 오히려 동해의 산성화는 더 위험한 측면이 있어 보인다. 포스텍 환경공학부 이기택 교수에 따르면, 동해에서 매년 약 800만 탄소톤[48]의 이산화탄소를 흡수하고 있는데, 1990~1999년과 비교하여 1999~2007년 사이에 그 양이 절반으로 크게 줄어들었다고 한다. 지구온난화로 인한 동해 표층의 수온상승으로 바닷물의 수직순환이 잘 이루어지지 않는 것과 무관하지 않다는 주장이다. 동해의 이산화탄소 흡수량이 1990년대에 비해 2000년대에 크게 줄었다는 연구결과는 온실가스인 대기 중의 이산화탄소가 해양으로의 흡수에 의해 대기로부터 제거되는 양이 급격히 줄어들어 상대적으로 대기 중 이산화탄소 농도를 더 증가시켜 온난화를 가중시키는 결과를 초래할 수 있다는 점에서 중요한 시사점을 가진다고 할 수 있다. 아

47   남성현, 2012: 바다에서 희망을 보다, 이담북스, 116.

48   이산화탄소에 함유된 탄소를 기준으로 환산한 톤.

동해, 바다를 묻다_과학이 말하는 동해의 가치와 미래

직 다 파악하지 못했거나 잘 알려지지 않은 것일 수도 있지만 최근의 이상
기후와 관련한 동해의 변화는 이 같은 수온과 용존산소 및 탄소 농도뿐만
은 아닐 것임이 분명하다.

이번 장에서는 동해를 채우고 있는 바닷물의 독특한 특성과 구조, 기원과
순환, 그리고 기후변화와 관련하여 최근 나타나는 변화를 간략히 살펴보
았다. Part 5에서 소개할 동해 생태계와 해양생물 그리고 수산자원 등에
최근 들어 나타나는 변화들도 바로 이 같은 바닷물 특성 자체의 변화와 무
관하지 않을 것이다. 동해에서 이미 벌어지고 있는 기후변화에 따른 해양
생태계의 반응들을 이해하기 위해서는 바닷물 자체의 특성 외에도 동해
가 가진 여러 변화무쌍한 모습들을 먼저 알아야 할 것이다. 다음 장에서
소개하려고 하는 동해의 역동성은 또한 Part 5에서 소개할 광물과 에너지
자원 등을 활용하기 위한 첫걸음에 해당되는 일이기도 하다. 원리를 완전
히 깨우친 뒤에만 제대로 활용할 수 있기 때문이리라.

역동하는 바다
동해

결빙하고 침강하고 용승하는 바다

동해의 해류와 사행 그리고 소용돌이

동해의 변동성

Part 4. 역동하는 바다 동해

지금으로부터 80여 년 전 일본 학자 우다의 연구에 이미 동해의 해류에 대한 연구가 있었던 것처럼, 동해 내 난류와 한류의 존재에 대해서는 상당히 오랜 기간 동안 알려져 왔다고 볼 수 있다. 그러나 동해에 담겨져 있는 바닷물이 '고유수'로 단 한 가지의 수괴만이 아닌, 중앙수, 심층수, 저층수 등 여러 다른 수괴들로 구성되어 있는 것처럼 동해의 해류 또한 간단한 난류와 한류만으로는 설명할 수 없는 복잡한 순환구조를 가진다. 이러한 복잡한 순환구조는 동해가 가진 역동성과도 관련되어 있다.

이번 장에서는 동해가 가진 또 다른 모습인 역동성에 대해 알아보기로 한다. 실제로 동해를 채우고 있는 약 $1,698,300 km^3$라는 엄청난 양의 바닷물은 연못이나 호수의 물처럼 정체되어 있는 것이 아니라 때때로 계곡의 시냇물과 같이 빠르게 흐르기도 하고, 겨울철에 일부 북부해역에서는 결빙도 일어나며, 표층의 바닷물이 심해로 가라앉거나 심층의 차가운 바닷물이 표층으로 솟아오르기도 하는 등, 동해는 매우 역동적인 바다이다. 특히 동해 내에 다양한 시간 및 공간 규모로 일어나는 여러 해양 과학적 현상들이 복합적으로 작용하면서 혼재하기 때문에 동해를 더욱더 역동적인 바다로 만들고 있다.

결빙하고 침강하고 용승하는 바다

동해 북부의 러시아 블라디보스토크 인근 해역에서는 겨울철에 결빙이 자주 발생한다. 바닷물의 결빙이 해양학적으로 중요한 이유는 이런 결빙

과정에서 바닷물에 포함된 소금이 밖으로 방출되면서 결빙 해역의 바닷물이 염분의 증가로 주변보다 무거워져 가라앉기 때문이다. 앞 장에서 소개한 동해심층수(East Sea Deep Water)나 동해저층수(Bottom Water)와 같은 수괴들은 바로 이러한 염분방출에 따른 밀도증가가 주된 형성 원인으로 이해되고 있다(표 3-1, 표 3-2 참고). 또 결빙까지는 일어나지 않더라도 겨울철 블라디보스토크 인근 해역이나 동해 북동부 해역에서는 시베리아로부터 불어오는 강한 북서 계절풍이 협곡 사이를 통해 동해 쪽으로 불어오기 때문에 매우 낮은 기온과 함께 표층의 바닷물을 냉각시켜 수온이 감소하기 때문에 밀도증가가 일어나면서 표층의 바닷물이 가라앉게 된다. 앞 장에서 소개한 고염중층수(High Salinity Intermediate Water)와 같은 수괴의 경우에는 표층 냉각에 따른 침강이 그 형성 원인으로 꼽힌다(표 3-2 참고).

동해의 북부해역에서 이처럼 겨울철에 무거워져 침강한 수괴들은 심층의 해류를 타고 여러 경로로 남하하여 울릉도 남쪽해역까지 도달하게 되는데, 이 남하경로의 대표적인 것이 바로 울릉도-독도 사이의 해저 통로(Ulleung Interplane Gap)이다. 이 해저 통로는 수심이 2,000m 이상이고, 폭이 약 90km에 달하는데, 울릉도-독도 사이 중앙의 심해에서 계류 관측을 통해 장기간 수집된 유속 자료를 보면 평균적으로 남서쪽 방향으로의 해류가 우세하게 나타나 과연 동해 북부해역에서 형성된 수괴들이 울릉분지로 유입되고 있음을 볼 수 있다(그림 4-1). 그런데 이 수괴들의 유입은 항상 일정한 속도로 아무 변함없이 일어나고 있는 것이 아니라 시간에 따라 그 유속의 세기가 크게 변화하고 유향이 바뀌는가 하면 심지어 정반대 방향의 흐름도 자주 나타나고 있는 것을 알 수 있다.

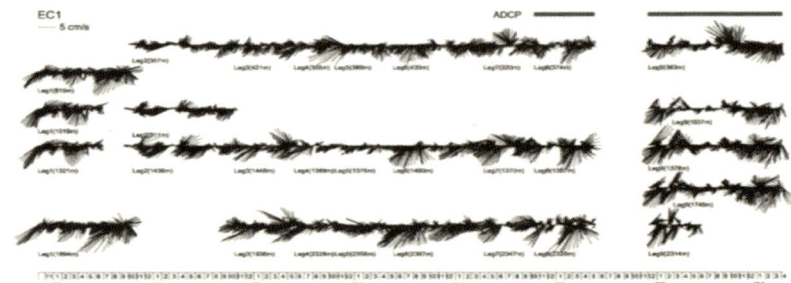

그림 4-1 울릉도-독도 사이 해저 통로의 중앙에 위치한 심해 계류선(EC1)에서 1997년 이후 관측되고 있는 유속의 벡터 시계열 그래프. 유속이 흘러가는 방향으로 막대가 표시되어 있으며, 좌측 상단에는 5cm/s 크기의 유속 규모가 나타나 있다. 위에서부터 아래쪽으로 내려갈수록 깊은 수심에서 관측된 유속을 나타낸다.

[출처: Kim et al., 2005[49]]

동해 북부해역에서 침강한 심해의 냉수괴들은 주로 울릉도-독도 사이의 해저 통로를 통해 동해 남부해역으로 유입되지만, 동해 북부해역의 표층 해수와 표층 아래 중층으로 침강한 해수들은 주로 한반도 동해 연안을 따라 동해 남부해역으로 유입된다. 그 대표적인 예가 북한한류라고 할 수 있다. 한국 연안 쪽에 붙어서 북한한류를 타고 남하하는 수괴(북한한류수[50])는 대한해협을 통과하여 동한난류(East Korean Warm Current)를 타고 북상하는 대마난류수(Tsushima Warm Water)[51]와 삼척 혹은 울진 근처에서 만나게 되면 그 아래로 파고들어 대한해협까지 이르게 된다. 대한해협에서는 표층의 대마난류수와 확연히 구분되는 저층의 수괴가 알려져 있는데, '대한해

---

49   Kim, K., Y.-B. Kim, J. J. Park, S. H. Nam, K.-A. Park, and K.-I. Chang(2005), Long-term and real-time monitoring system of the East/Japan Sea, Ocean Science Journal, 40(1), 25~44.

50   앞 장의 표 3-1과 표 3-2에 표시된 동해중층수(East Sea Intermediate Water)처럼 저염분의 특성을 가지는 냉수로 그 수괴특성이 이와 비슷하지만 다소 구분되는 특성이 있어 북한한류수(North Korean Cold Water)로 구분되어 명명된다.

51   표 3-1과 표 3-2 참고.

협 저층냉수(Korea Strait Bottom Cold Water)'가 바로 그것이다. 이처럼 한국 동해안에서는 고온의 대마난류수로 덮인 부분 바로 아래에 저온의 냉수가 존재하고 있기 때문에 종종 연안에 평행한 방향으로 바람이 며칠간 지속적으로 불 때 표층의 대마난류수가 외해로 밀려나가면서 심층의 차가운 냉수가 표층까지 솟아오르는 일이 벌어지게 된다. 이것을 용승(upwelling)이라고 하며, 해양과학자들은 특히 이처럼 연안 해역에서 나타나는 용승을 외해역의 용승과 구분하여 연안용승(Coastal upwelling)이라고 부른다. 용승 현상은 식물 플랑크톤의 광합성에 필요한 저층의 영양염 등을 표층으로 공급할 수 있는 주요 기작이기도 하기 때문에 해양학적으로도 매우 중요한 현상이다. 최근의 연구결과는 2007년 여름철에 강한 남풍이 불면서 전례 없이 강한 연안용승이 발생하여, 한국 동해안에서 1961년 이래 가장 낮은 표층 수온이 관측되었음을 보고하기도 하였다(그림 4-2).

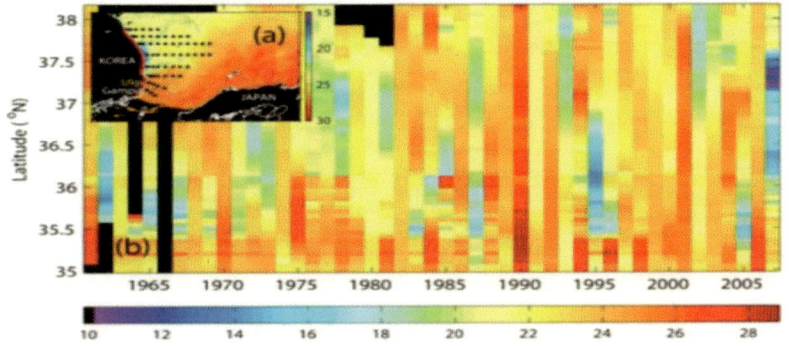

그림 4-2 (a) 2007년 8월 11일의 동해 남부해역 표층 수온 분포, (b) 1961년부터 2007년까지의 기간 동안 한국 동해 연안((a)에 붉은색으로 표시)을 따라 위도별로 나타낸 시간에 따른 표층 수온의 시계열

[출처: Park and Kim, 2010[52]]

52   Park, K.-A., and K.-R. Kim(2010), Unprecedented coastal upwelling in the East/ Japan Sea and linkage to long-term large-scale variations, Geophys. Res. Lett., 37, L09603, doi:10.1029/2009GL042231.

동해의 해류와 사행 그리고 소용돌이

'크림스' 과학자들을 포함하여 '동해에 취한' 해양과학자들이 그동안 동해 전역의 조사를 통해 밝혀낸 연구들은 동해에 있는 바닷물의 특성에 대한 것만은 아니었다. 미국 스크립스 해양연구소 조사선 R/V Revelle과 러시아 해양조사선 Professor Khromov의 1999년 여름철 동해조사는 본격적인 미국 해양과학자들의 동해 연구 참여를 통해 이후 많은 새로운 발견들을 가능하게 했는데, 특히 이들을 통해 최첨단의 해양 관측장비들이 동해에 대거 투입될 수 있었다. 제2장에서 소개된 미 해군연구국(ONR, Office of Naval Research)의 대대적인 예산투입이 바로 그것이다. 그중에서도 특히 울릉도, 독도 주변해역을 포함한 울릉분지에 PIES(Pressure Inverted Echo Sounder) 23개를 약 60km 간격으로 조밀하게 설치했던 연구프로그램(연구책임자: 로드아일랜드대학의 와츠 교수; Prof. D. R. Watts)은 매우 성공적으로 진행되어 이를 통해 울릉분지가 위치한 동해 남서부해역의 해류와 사행 그리고 소용돌이에 대한 많은 새로운 과학적 발견들이 이루어질 수 있었다.

앞에서도 소개한 것처럼 북태평양 기원의 대마난류수는 대마난류(Tsushima Current)를 따라 대한해협을 통해 동해로 유입되고 동해 내에서 다시 갈라지게 되는데, 이 중에서 한국 동해안을 북상하는 경로가 바로 동한난류(East Korean Warm Current)에 해당한다. 동한난류는 동해 북부에서 형성된 수괴들의 남하와 상호작용하면서 구불구불한 경로를 보이며 사행하게 되는데, 특히 로드아일랜드대학 와츠 교수의 연구팀이 PIES를 집중적으로 설치했던 동해 남서부해역은 바로 이 같은 동한난류의 사행과 냉수와의 상호작용, 그리고 여러 소용돌이들의 발생 등을 잘 볼 수 있는 변동성이 큰 해역이다(그림 4-3). 한국 연안 쪽을 따라 북상하는 동한난류는 구불구불한 사행경로를 보이며 동쪽으로 빠져나가는데(그림 4-3의 붉은색 경로들), 이 과정에서 울릉 난수성 소용돌이(Ulleung Warm Eddy, 그림 4-3의 붉은색 음영 부분)와 독도 냉수성 소용돌이(Dok Cold Eddy, 그림 4-3의 파란색 음영부분)를 발생시키게 된다. 시계방향으로 회전하는 울릉 난수성 소용돌이는 거의 연중 존재하는 특성을 가지는 반면 반시계방향으로 회전하는 독도 냉수성 소용돌이는 북한한류 등 냉수의 남하가 강한 경우에만 간헐적으로 발생하여 지구 자전효과에 따라 점차 서쪽으로 전파해나가고, 결국 한국 동해안의 연안용승 해역에까지 이르게 되는 것으로 알려져 있다(그림 4-3의 우측하단).

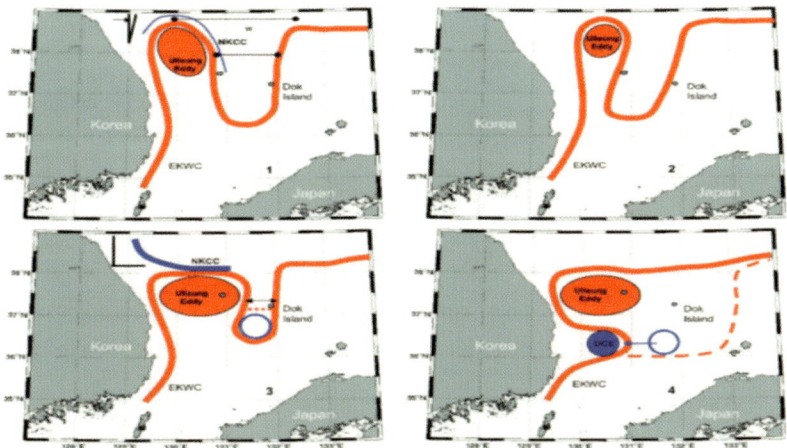

그림 4-3 난류와 한류가 만나는 동해 남서부해역에서 볼 수 있는 해류와 사행을 모식적으로 나타낸 그림. 붉은 선은 동한난류(East Korean Warm Current), 파란 선은 북한한류(North Korean Cold Current)를 나타내며 동한난류에 비해 북한한류의 세기가 약한 경우(좌측상단)에는 얇은 파란 선으로, 강한 경우(좌측 하단)에는 두꺼운 파란 선으로 구분하였다. 붉은색과 파란색 음영부분은 각각 울릉도 난수성 소용돌이(Ulleung Warm Eddy)와 독도 냉수성 소용돌이(Dok Cold Eddy)를 의미한다.
[출처: Mitchell et al., 2005[53]]

53   Mitchell, D. A., W. J. Teague, M. Wimbush, D. R. Watts, G. G. Sutyrin, 2005: The Dok Cold Eddy. J. Phys. Oceanogr., 35, 273~288. doi: http://dx.doi.org/10.1175/JPO-2684 1

이처럼 사행과 소용돌이가 심하기 때문에 동해 남서부해역에서의 평균 해류도를 제시하는 것은 쉽지 않은 일이었다. 이런 면에서 최근 국토해양부 국립해양조사원(해양과학조사연구실, 변도성 주무관)에서 서울대학교, 군산대학교와 공동으로 '동해 해류모식도 제작' 연구를 수행하여 학계 전문가들의 의견을 반영한 동해 해류(모식)도를 제작하고(그림 4-4), 표 4-1과 같이 동해의 주요 해류들을 정리한 것은 매우 바람직한 일로 보인다. 특히 서울대학교 박경애 교수 등은『한국지구과학회지』에 게재한「중등 과학 교과서의 동해 해류도 분석」논문을 통해 중등 과학 및 지구과학 교과서에 수록된 동해 해류 삽화의 오류 등을 지적하기도 하였다. 또 이러한 연구결과를 근거로 인공위성 자료를 활용하여 국립해양조사원에서는 매일 실시간으로 동해의 표층 해류도를 제작, 홈페이지를 통해 제공하고 있다(그림 4-5).

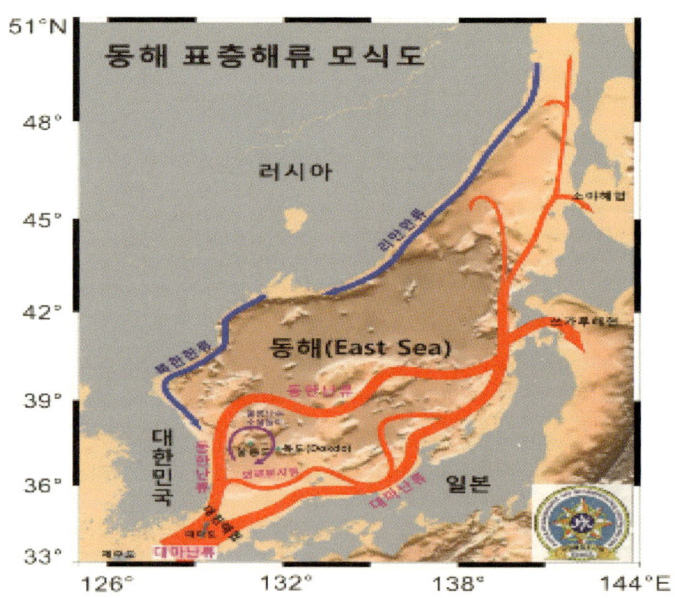

그림 4-4 동해 표층해류 모식도

[출처: 국립해양조사원]

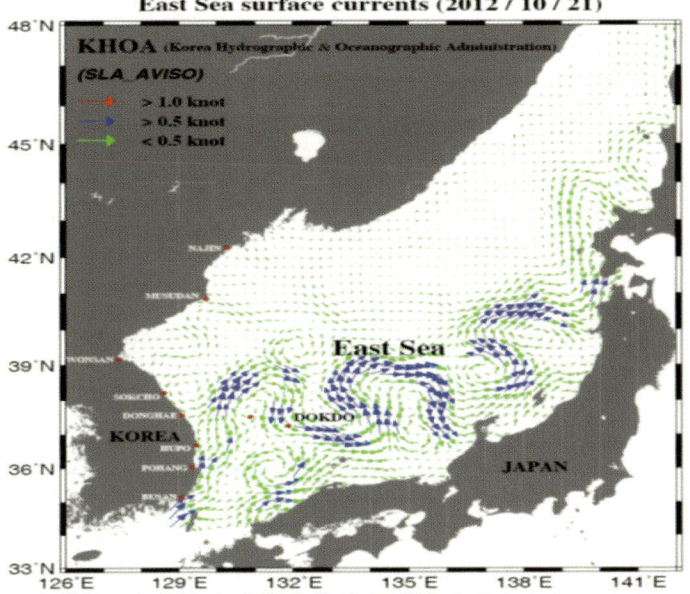

그림 4-5 동해 실시간 해류도의 예(2012년 10월 21일의 동해 표층 해류도)

[출처: 국립해양조사원 홈페이지[54]]

표 4-1 동해의 주요 해류

명칭	설명	참고문헌
대한해협을 통과하는 대마난류 (Tsushima Warm Current)	해류가 제주도 북쪽과 남동쪽에서 동쪽으로 흘러 만나서 대한해협 중앙에서 한 줄기의 대마난류를 형성하지만 대마도를 만나면서 서수도(Western channel)와 동수도(Eastern channel)를 따라 다시 두 갈래로 나누어져 흐르게 된다. 서수도를 통과한 해수는 대부분 한국 연안을 따라 북쪽으로 흐르지만 일부가 한국 연안을 따라 흐르지 않고 일본 쪽으로 흐르는 경우도 있다. 동수도를 통과한 해수는 대부분 일본 연안을 따라 북동쪽으로 흐른다	Jacobs et al.(2001); Lee and Niiler(2005); Lie et al.(2001); Teague et al.(2002); Uda(1934)
동한난류 (East Korea Warm Current)	대한해협을 통해서 들어온 대마난류가 한국 동해안을 따라서 북쪽으로 흐르는 흐름을 동한난류 (東韓暖流)라 부른다. 이 동한난류는 약 37°~38°N에서 북동쪽으로 흘러서 해안으로부터 멀어져 동해 중앙을 가로질러서 쓰가루해협 쪽으로 흐른다. 동한난류의 진로(path)는 해마다 크게 변화하는 특징을 갖고 있다	Choi et al.(2004); Kim et al.(2002); Lee and Niiler(2010)

외해분지류 (Offshore Branch)	대한해협 서수도를 통과한 해류가 한국 남동해안을 따라 흐르다가 포항 근처에서 그 방향을 동쪽으로 바꾸어 일본연안을 따라 흘러가는 경우도 많다	Byun and Chang(1984); Lee and Niiler (2010)
일본연안을 따라 흐르는 대마난류	대한해협의 동수도를 통과한 해류는 특별히 여름철에 일본 연안을 따라 흐르는 경우가 많다	Katoh(1994); Lee and Niiler(2005); Lee et al.(2000)
리만한류 (Liman Cold Current)	러시아의 남쪽 해안을 따라서 남서쪽으로 흐르는 해류이다. 표층 뜰개 자료로부터 여름철에 러시아 연안을 따라 남쪽으로 흐르는 해류가 확인되었다	Martin and Kawase(1998)
북한한류 (North Korea Cold Current)	북한의 동쪽 연안을 따라 남쪽으로 흐르는 해류이며, 폭이 좁고 주로 여름에 강하게 남하한다. 표층 뜰개 관측자료로부터 여름철에 북한 연안을 따라 남쪽으로 흐르는 해류가 확인되었다. 이로 인해 속초와 묵호 연안 해역은 동한난류의 약화와 여름철 북한한류의 발달로 연안에 냉수대가 발달할 수 있다	김과 김(1983); 김과 민(2008); Kim et al.(2009)
소야해협 유출류	소야해협을 통해서 동해에서 오호츠크 해로 따뜻한 해수가 유출되며, 일본 북해도의 해안선을 따라 남동쪽으로 흐른다. 이 해류의 양은 대한해협을 통과하는 대마난류수의 약 30%를 차지하는 것으로 알려져 있다	Lee and Niiler(2005)
쓰가루해협 유출류	대마난류와 동한난류가 만나서 대한해협 수송량의 약 70%가 쓰가루해협을 통해서 북서태평양으로 유출된다. 쓰가루해협으로 유출되지 않은 난류는 계속 일본 동해안을 따라서 북쪽으로 흐른다	Lee et al.(2000)
소야해협 북쪽에서 북향류와 북서류	현재까지 표층 뜰개 관측에서 이러한 해류를 발견한 적이 없으나, Uda(1934)와 Naganuma(1977)가 작성한 여름철 해류모식도에는 이와 같은 해류가 표시되어 있다	Uda(1934); Naganuma(1977)
쓰가루해협 북쪽에서 북서류	현재까지 표층 뜰개 관측에서 한 개의 뜰개가 난류 해역에서 한류해역으로 이동하는 것을 보였으나, 많은 관측 자료는 없다. Uda(1934)와 Naganuma (1977)이 작성한 여름철 해류모식 도에는 이와 같은 반시계방향 해류가 표시되어 있다	Lee and Niiler(2005); Uda(1934); Naganuma(1977)
울릉분지에 발생하는 소용돌이(Ulleung Warm Eddy)	울릉분지나 울릉분지 북쪽에서 가운데에 따뜻한 해수가 수심 약 250m까지 균질하게 분포하는 시계방향 순환이 자주 형성되며, 이것을 '울릉 난수성 소용돌이'라 부른다	Isoda and Saitoh(1993); ang and Kang(1990); 김(1991); Gordon et al.(2002)

[출처: 국립해양조사원 홈페이지[55]]

그러나 동해 내에서의 해류 연구는 아직도 시작단계에 있으며, 여전히 많은 부분 탐사를 필요로 하고 있다. 과연 동해에 평균적인 표층해류 분포가 존재하는지조차 의심스러울 정도이다. 해류는 일정한 방향, 일정한 폭, 일정한 세기를 가진 바다물의 흐름으로 정의되기 때문이다. 인공위성의 해표면 고도계(altimeter)를 통해 대략적인 표층 해류의 변동특징은 준실시간으로 어느 정도 파악이 가능하지만, 동해는 앞서 언급한 것처럼 시공간적으로 매우 큰 복잡성을 가지고 있기 때문에 보다 정밀한 공간적 변동성 파악이 필요하다. 최근 서울대학교 해양연구소 중심으로 시도되고 있는 HF 레이더를 활용한 표층해류 연구가 주목되는 이유이다. 육상에 설치된 HF 레이더는 3~30MHz의 주파수를 갖는 전파를 해수 표면에 발사하여 다시 되돌아오는 신호의 차이를 과학적으로 활용하여 표층 흐름의 유향과 유속을 간접적으로 측정할 수 있는 장비이다. 5MHz 주파수를 사용하는 경우 약 5km 격자 간격으로 반경 220km까지 측정할 수 있으며, 13MHz의 경우에는 약 2km 격자 간격으로 반경 70km 내에서 측정 가능하다. 현재 동해시 망상동, 삼척시 근덕면, 그리고 울진군 죽변면 한국해양과학기술원 동해연구소 해안에 서울대학교 해양연구소에서 설치한 13MHz가 운용 중이며, 울진에서는 13MHz와 함께 5MHz가 시험 운영 중이다. 미국의 경우에는 미국 해양대기청(NOAA)이 중심이 되어 미국 동부와 서부의 대부분의 연안에 HF 레이더가 다수 설치되어 실시간으로 표층 흐름을 관측 중이다.[56]

---

56   미국 해양대기청 해양자료센터의 HF 레이더 사이트(http://hfradar.ndbc.noaa.gov/).

표층 해류뿐만 아니라, 동해 심층해류 또한 아직도 많은 부분 연구를 필요로 하고 있다. 한 가지 대표적인 예가 바로 Part 1에서 언급한 '독도 심층해류(Dokdo Abyssal Current)'[57]일 것이다. 일반적으로 동해 심해 바닷물은 평균적으로 초속 약 3cm 이하로 천천히 흐르지만 '독도 심층 해류'라고 명명할 정도로 독도 주변에서는 수심 2,000m의 심해에서 최대 초속 33cm로 비교적 빠른 해류가 존재하고 있다. 흥미롭게도 표층에 존재하는 소용돌이의 움직임에 따라 이 독도 심층 해류의 큰 변동성이 나타났다.[58] 이 같은 심층해류들은 표층해류와 달리 인공위성에 부착된 센서들로는 잘 파악이 되지 않는 특성이 있기 때문에 실시간으로 그 구조와 분포 등을 파악하기가 거의 불가능하며, 일정기간의 심해 계류 관측 후에 회수된 자료를 분석함으로써 그나마 이해하고 있는 실정이다. 또 계류 장비들은 제한된 해역의 특정 정점에 설치하여 장기간 운용해야 하기 때문에 이 같은 시도를 해보지 않은 동해 내의 다른 해역에서도 얼마든지 새로운 심층해류가 발견될 가능성은 남아 있다고 할 수 있겠다. 즉, 동해 내에서의 해류 발견은 아직 끝난 것이 아닌 셈이다.

57   Chang, K.-I., K. Kim, Y.-B. Kim, W. J. Teague, J. C. Lee, and J.-H. Lee., 2009: Deep flow and transport through the Ulleung Interplain Gap in the southwestern East/Japan Sea, *Deep Sea Res. Part I*: 56, 61~72.

58   Kim, Y.-B., K.-I. Chang, J.-H. Park, and J. J. Park, 2012: Variability of the Dokdo Abyssal Current Observed in the Ulleung Interplain Gap of the East/Japan Sea, *Acta Oceanologica Sinica,* Accepted.

동해의 변동성

해류의 발견 못지않게 아니, 어쩌면 앞으로 그보다 더 많은 연구가 필요하
게 될 부분이 바로 동해의 변동성에 관한 연구들이다. 일반적으로 바닷속
에서는 기후변화와 연관된 크고 느린 변화에서부터 매일 변하는 작고 빠
른 현상에 이르기까지 매우 다양한 시간 및 공간 규모의 변동성이 존재하
는데, 동해도 예외가 아니어서 다양한 시ㆍ공간규모의 현상들이 혼재하
며 동해를 변화무쌍하게 만든다. 여기에는 수 미터에서 수십 미터의 공간
규모와 수초의 시간 규모로 바다 표면에 나타나는 풍파 혹은 표면 중력파
(Surface gravity waves)를 비롯하여 수십에서 수백 혹은 수천 미터의 공간 규
모와 수분에서 수십 분의 시간 규모를 가지는 내부파(Internal waves), 수십에
서 수백 킬로미터 공간 규모와 수일에서 수십 일의 시간 규모에 해당하는
연안용승(Coastal upwelling), 소용돌이(eddies), 전선(fronts) 등과 같은 많은 해
양현상들이 포함된다(그림 4-6). 이처럼 동해에 존재하는 많은 해양현상들
은 해역에 따라 그리고 시시때때로 중요하게 작용하면서 동해를 역동적
인 바다로 만들고 있는데, 여기서는 내부파와 관련된 몇몇 현상들만을 소
개하기로 한다. 물론 이들은 동해가 가진 변동성 중에서도 극히 일부분에
만 해당하는 것이며, 그나마 이것마저도 동해에서 발생하는 내부파가 가
지는 수많은 모습 중에서 제한된 상황의 몇몇 특징일 뿐, 동해의 내부파를
아직 완전히 다 이해하고 있는 것은 전혀 아니다. 내부파 외에도 그림 4-6
에 나타낸 많은 다양한 현상들을 동해에서 볼 수 있으며, 이들에 대한 연
구도 계속해서 진행 중이다.

내부파란 중력을 복원력으로 하여 수중에서 나타나는 파동을 의미하는
데, 바다 표면에 나타나는 풍파나 너울 같은 표면파에 비해 그 주기가 길

며 진폭이 훨씬 큰 특징이 있다. 주기와 진폭이 각각 수초와 수 미터에서 수십 미터에 불과한 표면파와 달리 내부파는 주기가 수분에서 수십 분, 반일주기(12시간), 일주기(24시간), 관성주기(위도에 따라 변하며 해당 위도에서 지구 자전효과에 해당하는 주기)와 같이 훨씬 길고, 진폭은 수십에서 수백 미터에 달하는 거대한 파동이다. 수분에서 수십 분의 주기를 가지는 단주기 내부파는 종종 비선형적인 특징도 보여 물리학에 등장하는 솔리톤 형태의 파형을 가지기도 하는데, 실제로 한국 동해안에서 1999년 5월에 이 같은 솔리톤 (soliton) 다발 형태의 내부파가 나타나, 외해역에서부터 관측 정점을 통과하여 연안 쪽으로 전파해가는 것이 처음으로 발견[59]되기도 하였다. 최초의 내부파 발견 이후에도 한국 동해안의 내부파에 대해서는 지속적으로 연구가 진행되어 2003년에는 태풍 매미의 통과 직후에 태풍으로 유도된 강

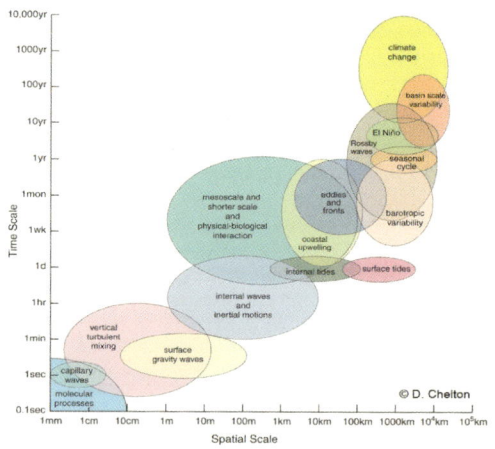

그림 4-6 공간규모(x축)와 시간규모(y축)에 따라 나타낸 대표적인 해양학적 현상들의 예

[출처: Prof. D. Chelton(Oregon State University)]

59   Kim, H. R., S. Ahn, and K. Kim(2001), Observations of highly nonlinear internal solitons generated by near-inertial internal waves off the east coast of Korea, Geophys. Res. Lett., 28(16), 3191~3194.

력한 흐름이 해저지형과 상호작용하며 한국 동해안에서 비선형의 단주기 내부파를 발생시키는 과정이 제시[60]되기도 하였다.

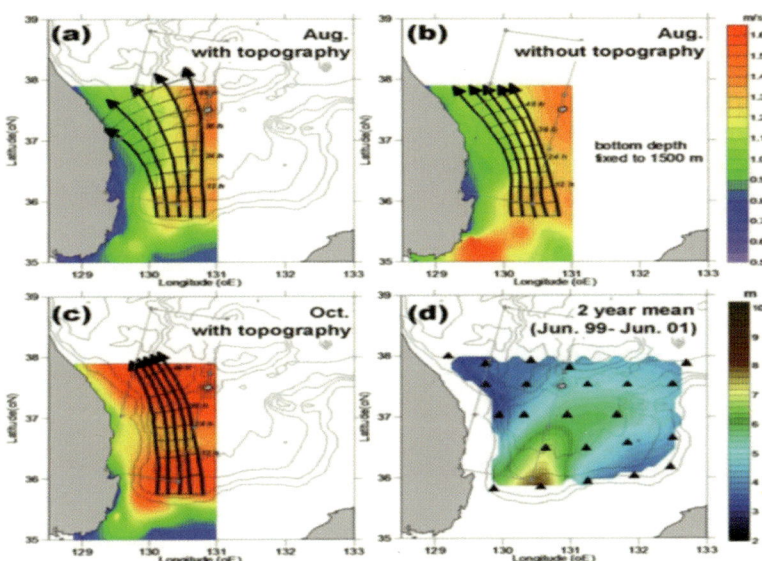

그림 4-7 대한해협에서 발생한 반일주기 내부조석파의 이동경로 비교

    (a) 8월의 해양조건으로 해저지형을 고려한 경우의 모의 결과

    (b) 8월의 해양조건으로 해저지형을 고려하지 않은 경우의 모의 결과

    (c) 10월의 해양조건으로 해저지형을 고려한 경우의 모의 결과

    (d) 1999년 6월부터 2001년 6월까지의 2년 동안의 평균으로 관측된 결과(진폭을 나타냄)

    [출처: Nam and Park, 2008[61]]

60   Nam, S. H., D. J. Kim, H. R. Kim, and Y.-G. Kim(2007), Typhoon-induced, highly nonlinear internal solitary waves off the east coast of Korea, Geophys. Res. Lett., 34, L01607, doi:10.1029/2006GL028187.

61   Park, J.-H., and D. R. Watts(2006), Internal tides in the southwestern Japan/East Sea, J. Phys. Oceanogr., 36, 22~34.

내부파 중에서도 특별히 조석현상과 관련하여 조석주기인 반일주기(12시간) 혹은 일주기(24시간)로 나타나는 내부파를 특별히 내부조석파(Internal tide)라고도 부르는데, 동해에서는 수심이 낮은 대한해협 부근에서 내부조석파가 발생하여 북쪽으로 전파한다[62]고 알려져 있다. 그런데 이 반일주기 내부조석파의 전파경로는 해저지형과 동시에 앞에서 살펴본 동한난류의 사행, 독도 냉수성 소용돌이의 통과, 동해안의 연안용승 등과 관련된 전선(front)의 위치에 따라서도 영향을 받아 굴절이 잘 일어나며, 이 굴절 방향에 따라 한국 동해안으로 전파해 들어오기도 하고 울릉도나 독도 쪽으로 전파해 나가기도 한다[63](그림 4-7). 내부조석파를 포함한 동해의 빠른 변동성[64]은 이미 국제적으로도 학계에 잘 알려진 사실이 되었다.

동해, 바다의 미래를 묻다과학이 말하는 동해의 가치와 미래

---

62   Nam, S. H., and J.-H. Park(2008), Semidiurnal internal tides off the east coast of Korea inferred from synthetic aperture radar images, *Geophys. Res. Lett.*, 35, L05602, doi:10.1029/2007GL032536.

63   Park, J.-H., D. R. Watts, M. Wimbush, J. W. Book, K. L. Tracey, and Y. Xu(2006), Rapid variability in the Japan/East Sea: Basin oscillations, internal tides, and near-inertial oscillations, Oceanography, 19(3), 76~85.

64   Nam, S. H., and J.-H. Park(2008), Semidiurnal internal tides off the east coast of Korea inferred from synthetic aperture radar images, *Geophys. Res. Lett.*, 35, L05602, doi:10.1029/2007GL032536.

황동해 연안 내부파 관측과 '물가쿠'

본격적으로 해양학을 공부하기 위해 대학원에 입학한 지 얼마 되지 않았던 1999년 5월, 당시 연구팀은 동해 연안에서 '내부파'라는 현상을 관측하기 위해 특수하게 고안한 장비를 강원도 동해시 망상 앞바다에 설치하여 자료를 수집하기로 계획했었다. 동해 연안의 소형 어선을 빌려 이 장비를 바다 속에 설치한 뒤 하루 이상 연속적인 시계열 자료를 수집하는 것을 목표로 실험이 시작되었다.

바다 표면에 나타나는 파도와 같이 바닷속 깊은 곳에서도 끊임없이 움직임이 있는데, 내부파란 이처럼 바다 속에서 나타나는 파동 현상을 말한다. 표면에서 나타나는 풍파 등에 비해 매우 긴 수분에서 수십 분의 주기를 가지며 초당 1m 내외의 속도로 서서히 전파되지만 그 진폭이 표면에서 나타나는 파동에 비해 월등히 커서 종종 수십 미터에 달하며 남중국해와 같은 일부해역에서는 100m가 넘는 높이의 파고가 바다 속에서 나타나기도 한다.

동해에서도 이와 같은 내부파가 존재함이 지금은 알려져 있지만, 당시만 해도 동해 연안에 내부파가 과연 존재하는지조차 알 수 없었던 시절이라 연구팀은 과연 동해 연안에서 내부파를 발견할 수 있을지 반신반의하던 상태였고, 만약 존재하더라도 보이지 않는 수십 미터 속 내부파를 어떻게 효과적으로 찾아낼 수 있을지 고민하며 실험을 계획했던 상태였다. 결국 장비를 바닷속에 넣어서 수심별로 수온과 유속이 시간에 따라 어떻게 변해가는지를 파악하여 그 시공간적 변화를 해석하는 수밖에 없다는 결론에 따라 실험팀은 특수하게 고안한 장비를 바닷속에 설치하기로 한 것이었다.

그런데 장비를 싣고 실험 해역으로 이동하는 소형 어선 내에서 이 배의 선장님과 이야기를 나누는 중에 뜻밖의 흥미로운 이야기를 듣게 되었다. 이해역에 내부파가 존재하고 있다는 사실뿐만 아니라 어떤 계절에 내부파가 잘 나타나고, 또 어떤 주기와 속도로 어떻게 전파해 나가는지까지 이미소상히 알고 계시다는 설명을 듣게 된 것이다. '내부파'라는 용어 대신 '물가쿠'라는 독특한 이름으로 불릴 뿐 지역 어민들 사이에서는 이미 경험적으로 내부파를 잘 파악하고 있었으며, 놀랍게도 그 특성은 우리가 유체역학 이론으로 계산한 것에 잘 일치하고 있었다. 지역 어민들 사이에서 이미잘 알려진 '물가쿠'라는 현상이 바로 연구팀이 '과학적'으로 새로 밝혀내려고 하는 내부파였던 것이다.

그들이 종종 '목격한' 경험담에 따르면 봄과 여름철에 '물가쿠'가 와서 바닷물 속에 있던 온갖 부유물들을 바다 표면으로 다 떠오르게 하면, 거대한부유물 더미가 길게 띠를 이루게 되고, 이것이 먼 바다에서부터 해안 쪽으로 서서히 떠내려 온다고 한다. 바닷속의 내부파는 그 움직임에 따라 표층에 수렴대와 발산대를 만들며 길게 띠를 이루기 때문에 발산대를 따라 수십 미터 깊이에 있던 쓰레기 등의 부유물들이 표층에 떠오르게 되면 육안으로도 식별이 가능하게 된다. 또 내부파가 외해에서부터 연안 쪽으로 전파하면서 이 띠가 해안 쪽으로 떠밀려 오게 되는 것도 설명할 수 있다. 실제로 바다 표면에 나타나는 수렴대에서는 잔물결이 많이 생기는 반면 발산대에서는 주변보다 바다 표면이 매끈해지기 때문에 부유물이 아니더라도 잔물결파의 특성을 통해 표층에서 내부파의 신호를 발견할 수 있으며 이러한 특성을 이용하여 인공위성을 통해서도 바닷속 내부파를 잘 관찰할 수 있게 되었다.

선장님의 경험을 통해 동해 연안 해역에 나타나는 내부파의 특성에 대해 '감'을 잡은 연구팀은 더욱 효과적으로 내부파를 관측할 수 있었고, 덕분에 훗날 내부구조와 전파 특성 및 해저지형과의 상호작용 등 동해 내부파에 대한 여러 새로운 과학적 발견들이 가능할 수 있었다.

Part **5**

자원의 보고
동해

동해 생태계와 생물 · 수산자원의 변화

미래 광물자원과 에너지

Part 5. 자원의 보고 동해

지금까지 탐구의 대상인 동해에 담긴 바닷물과 그 해류 특성에 대해 살펴보았는데, 여기서는 그 생태계와 생물 · 수산자원 그리고 미래 광물자원과 에너지원으로서의 동해에 대해 생각해보자. 이미 Part 2에서도 언급했지만 당장 사용할 수 있는 자원으로서의 가치보다는 경제적 · 군사적 · 전략적 가치나 기후변화 등의 전 지구적 문제, 그리고 재해 · 재난 대응이나 해양영토 주권문제 등 보다 많은 다방면의 가치를 가진 바다가 바로 동해이다. 그럼에도 불구하고 청정해역의 이미지를 가진 동해의 생태학적인 가치나 풍부한 수산자원 그리고 미래자원으로서의 광물이나 에너지 등 또한 무시할 수 없는 동해의 중요한 가치임은 분명한 사실이다.

동해의 자원 활용 문제에 있어서도 역시 가장 우선적으로 생각해야 할 것은 기초연구이다. 먼저 기초연구가 충분히 진행되고 난 다음에야 비로소 실질적으로 도움이 되는 자원으로서 활용할 수 있기 때문이다. 자연현상에 대한 이해가 선행되지 않은 상태에서 무모하게 개발을 시도하다가 실패한 무수한 역사적 사례들을 통해 우리는 기초연구의 중요성을 새삼 깨달을 수 있다. 바다 그리고 동해 역시 마찬가지이다. 아니, 아직도 미지의 세계로 불리고 있는 바다에서는 더더욱 기초연구가 중요하게 고려되어야 할 것이다. 완벽한 과학적 이해만이 앞으로 동해를 어떻게 활용하고 관리해야 할지에 대한 해답을 줄 수 있기 때문이다. 아예 포기하고 동해를 그저 풍경의 대상으로만 여기는 것도 문제이겠지만 반대로 동해에 대한 제대로 된 해양 과학적 지식이나 연구도 없이 무모하게 개발에 뛰어들어 사업을 진행하는 것 역시 바람직하지 않다고 할 수 있다. 동해는 아직 개발

보다는 이해와 보존에 대한 관심이 더 필요한 바다로 보인다. 그리고 다가오는 '바다의 시대'에도 청정 동해의 꿈은 지속하고 유지되어야만 할 가치임이 분명하다.

여기서는 동해 생태계와 생물 · 수산자원에 대해 간략히 소개하고 여기에 최근 일어나고 있는 변화를 살펴보려고 한다. 또 미래 광물자원이나 온실가스 저장소 그리고 에너지원 등으로서 활용하기 위한 동해의 잠재적 가치에 대해서도 생각해보기로 한다.

동해 생태계와 생물 · 수산자원의 변화

이미 푸른행성지구 시리즈의 첫 편[65]에서 소개한 것처럼 바닷속에는 육상생물과는 확연히 달리 미처 다 파악조차 어려울 정도로 많은 다양한 생물종들이 살고 있으며 획기적인 차세대 신물질 개발을 위한 가치로만 따져도 그 가치가 약 26조 달러에 이르는 것으로 조사되는 등 동해 생태계가 가지는 가치는 거의 무한에 가까울 정도로 커 보인다. 동해 생태계의 가치를 추산한 연구는 찾아보기 어렵지만 일반적으로 해양생태계의 연간 총가치는 육상생태계에 비해 월등히 높은 것으로 알려져 있어서 바닷속 생물자원의 가치를 거의 무한에 가깝다고 생각하기가 쉬울 것이다. 실제로 우리 인류는 그동안 바닷속 생물자원들을 무한한 것이라 생각하며 관리에 너무 소홀했던 나머지 일부 종은 멸종 직전에 이르도록 남획을 해온 것이 사실이다. 그러나 1992년 UN 주도로 전 지구적 차원에서 생물다양성에 대한 협약을 채택한 뒤 각국은 환경보전과 개발을 조화시키기 위한 여

---

65   남성현, 2012· 바다에서 희망을 보다, 이담북스, 116.

러 노력을 진행 중이다. 한국도 1997년 한국해양과학기술원(구 한국해양연구원)에서 생물다양성 국가전략을 마련하고 어업과 해양생태계를 포함하는 해양생물자원의 보전과 이용에 관한 연구를 통해 해양생물 종 다양성 보존을 위해 노력 진행 중이다. 또 국립수산과학원에서는 해양생물 종 다양성 정보시스템을 통해 수집된 종 보전 연구, 고래 연구, 해조류 연구 등 다양성 정보, 유전자원 및 분자육종, 신물질 연구 등의 유전자 정보, 갯벌 및 내수면 연구, 심해연구 등의 생태계 다양성 정보를 데이터베이스화하고 국내외에 산재되어 있는 생물다양성 정보 통합 서비스를 제공하고 있다.

하나의 예로 고래를 생각할 수 있는데, 17세기만 해도 고래로부터 얻은 기름은 석유산업을 능가할 정도로 고래가 흔했다고 한다. 그러나 남획으로 고래의 수가 많이 줄어들자 포경을 금지하는 등 적극적인 보존의 중요성이 인식되었고, 오랜 보존 노력 결과 오늘날에는 곳곳에서 고래들이 자주 발견되고 있다. 국립수산과학원 고래연구소의 최근 조사결과 동해에서도 2,300여 마리의 참돌고래 무리가 관찰되기도 했으며, 강구 앞바다와 구룡포 앞 바다에서는 1,000마리 이상의 낫돌고래를 발견하는 등 1999년 이후 소형 고래들이 가장 많이 발견되고 있는 것으로 알려져 있다. 고래의 회유는 해양생태계가 살아 있음을 나타내는 바로미터라는 점에서 이러한 소식은 매우 고무적인 일이다. 2012년 5월에 있었던 국립수산과학원 동해수산연구소의 동해 연근해 어업자원 조사결과는 어류 44종, 갑각류 15종, 연체동물 18종 등 2011년(64종 어획)보다 13종이 더 많이 어획된 것으로 나타나 동해안 수산생물의 다양성이 높아졌음을 보여주기도 하였다.

그러나 사실 동해 생태계에는 삶과 죽음이 공존하고 있다. 앞 장에서 살펴본 것처럼 기후변화의 최전선에 있는 동해는 전 세계 주요 해양에서 수

동해, 바다의 미래를 묻다 과학이 담히는 동해의 가치와 미래

온상승률이 가장 높은 해역 중의 하나에 해당한다(그림 3-5). 최근 동해에서 충격적으로 나타나고 있는 현저한 어종변화 등은 이러한 기후변화와 무관하지 않은 것으로 알려져 더욱 충격을 주고 있다. 또 앞에서 살펴본 동해의 산성화 역시 동해 생태계를 크게 교란할 수 있기 때문에 과학자들은 이 같은 환경변화로 인한 동해 생태계의 반응에 여러 방향으로 연구를 진행하는 중이다. 미 해양기상청(NOAA, National Oceanic and Atmospheric Administration)에서 1995년부터 2004년까지의 지난 10년 동안 전 세계 주요 해양 생태계의 수산자원 변화 추세를 비교한 결과에 따르면 해양 생태계별로 희비가 엇갈리는데, 아쉽게도 동해 생태계는 수산자원의 감소가 가장 급격하게 일어나고 있는 생태계 중의 하나임을 알 수 있다(그림 5-1). 앞으로 지속적인 동해 생태계 모니터링이 필요한 하나의 이유라 할 수 있다. 다행히 이와 관련하여 국토해양부에서는 장기해양생태계 연구(책임자: 포스텍 해양대학원의 강창근 교수)를 통해 동해 생태계의 현황 분석에만 그치는 것이 아니라 첨단 과학기술을 이용한 장기 모니터링 기술개발도 진행 중이어서 그 결과가 주목된다. 또한 한국해양과학기술원에서는 2011년부터 동해 해양환경 및 생태계 변동 감시체계 구축사업이 진행되고 있는데, 최근 식물플랑크톤 지리분포 연구결과에 따르면 왕돌초 해역 등 동해 연안보다는 외해인 독도 해역에서 아열대종이 집중적으로 출현하고 있음이 보고되었다.

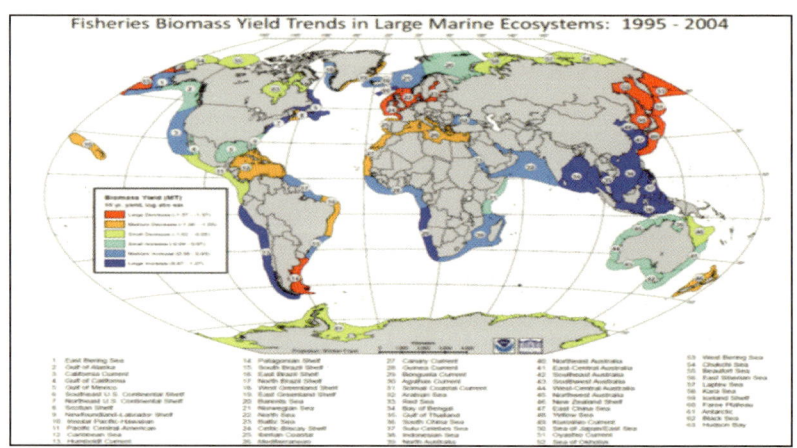

그림 5-1 1995년부터 2004년 사이에 나타난 지난 10년간 주요 해양 생태계의 수산자원 변화 추세. 붉은색 계열은 수산자원의 감소를, 푸른색 계열은 증가를 나타내는데, 동해 생태계는 수산자원의 감소가 가장 큰 생태계에 속한다.

[출처: NOAA Large Marine Ecosystems of the World[66]]

이 같은 동해 생태계 전반적인 생물·수산자원 감소에도 불구하고 앞에서 언급한 것처럼 최근의 조사결과는 해양생물 종 다양성이 증가하고 있는 등 종별, 해역별, 시기별로 서로 다른 변화가 감지되고 있다. 예를 들면 난류성 어종으로 제주도의 대표적인 어종이던 자리돔이 최근 10년여 전부터는 울릉도-독도 연안 역에 서식하고 있으며, 원래 제주도와 남해안에 서식하는 붉은색 해변 말미잘들도 울릉도-독도 인근의 동굴에서 군락을 이루어 집단 서식하고 있다고 한다. 한국해양과학기술원 동해연구소 독도전문연구센터 수중생태조사팀은 2005년부터 지속적으로 독도주변 10개 수역에서 수심 50m까지의 바다생물 종류와 분포를 조사하면서 바닷속 생태지도를 작성해오고 있는데, 수중생태의 장기적인 모니터링을 위한 표준자료로 활용될 이들 자료는, 2011년에 찾아낸 총 4개의 흑돔굴과

각 굴마다 찾아오는 흑돔의 크기와 개수, 심지어 잠자는 위치까지 상세히 기록하고 있다.

또한 최근에는 남해안과 동해안을 비롯해 청정해역으로 알려진 울릉도, 독도 연안까지 백화 혹은 갯녹음이라 불리는 바다 사막화가 광범위하게 진행되고 있어 해양생태계의 급격한 훼손이 우려되고 있다.[67] 농림수산식품부 자원환경과의 2008년 갯녹음 현상 발생현황 자료에 따르면, 현재 우리나라의 마을어장 35,101ha 중의 19.8%인 6,954ha가 갯녹음으로 인한 피해를 받고 있는 것으로 조사되고 있다. 백화현상은 해수 중에 용해되어 있는 풍부한 탄산칼슘(CaCO₃)이 복잡한 원인에 의하여 고체상태로 변하여 해수 중에 부유하거나(빛의 산란에 의해 흰색으로 보인다) 차차 바닥에 부착하게 되면 마치 눈이 내린 것처럼 보이게 되는 현상이다. 이때 탄산칼슘의 표면에 석회조류가 번식하게 되며, 석회질로 구성된 무절산호조류가 흰색을 띠며 암반을 덮어버려 연안 암반에서 자라는 미역, 다시마 같은 엽상체가 넓은 해조류가 사라져 바다가 사막되는 갯녹음 현상이 발생하게 된다. 바다 사막화가 진행되면 해조류의 엽상체 위에 알을 낳는 어류나 해조류를 먹고사는 부착생물인 전복, 해삼 등이 먹이와 서식처를 잃게 되어 해양생태계가 급격히 파괴된다. 갯녹음의 원인으로는 아직 정확히 밝혀지지 않았지만, 우선 대기 중의 이산화탄소 증가를 들 수 있다. 대기 중의 이산화탄소가 증가하면 바다로 유입되는 양이 많아져 해수의 탄산이온 농도를 높여서 탄산칼슘 합성을 촉진하는 것으로 알려져 있다. 또한 수온상승 또한 간접적인 원인으로 지목되고 있다. 수온이 증가하면 다시마, 미역 같은 갈조류가 녹거나 혹은 해수 중의 칼슘이온을 고체인 석회질, 즉 탄산

67   김미경, 2004: 사막화되는 독도앞바다, 과학동아 2004년 6월호, 61~65.

칼슘으로 바뀌는 과정을 강화시키는 역할을 한다. 동해 연안에서 주로 바람과 해저지형의 상호작용에 의해 발생하는 저층수의 상승현상인 용승현상 또한 백화현상과 관련될 수 있다. 칼슘이 풍부한 저층수가 표층으로 용승하면서 표층에 녹아 있는 과잉의 탄산이온과 결합하면서 탄산칼슘으로 환원될 수 있기 때문이다. 이처럼 백화 혹은 갯녹음 현상은 대기, 표층, 심층 등 다양한 해양현상이 복합적으로 얽혀 있어 향후 지속적인 연구가 필요하다.

작년(2011년) 2월 8일자 아사히신문에는 수온상승으로 동해 어종이 30년간 300km 북상했고 앞으로 이 같은 변화가 더 커질 수 있음을 알리는 기사가 보도되기도 했다. 실제로 1970년대에는 잡히지 않았던 점퉁돔 등 32종이 2002~2007년에 새로 발견되고 있다. 과거 동중국해에서나 주로 잡히던 삼치가 최근 동해에서 다량으로 잡히는 점, 수온이 높아지면서 난류성 어종인 고등어류와 전갱이류, 살오징어 등의 어군 밀도가 높아져 어획량이 늘은 반면 멸치류와 갈치, 젓새우류, 굴류 등의 생산은 크게 줄어든 점, 10년 전 제주 연안과 남해 일부 연안에서만 발견되던 자리돔, 파랑돔 등의 아열대성 어종이 최근 울릉도 및 독도 해역에서 나타나고 있는 점 등이 그 대표적인 예들이다. 중서부 태평양과 인도양 등에서 잡아 횟감과 통조림으로 주로 먹는 참치(참다랑어, 가다랑어 등)의 경우 이제 연근해에서도 손쉽게 잡을 수 있는 어종으로 바뀌고 있다. 특히 참다랑어 어획량은 2003년부터 2008년 사이 5년 동안 무려 20배 가까이 폭증하기도 했다. 또 가스전이 있는 울산 앞바다 주변 해역이 고급 어종 출현으로 황금어장으로 떠오르기도 했다.

그러나 이 같은 어종변화는 항상 좋은 쪽으로만 작용하는 것은 아니다. 수온이 높아지면서 대형해파리가 기승을 부리며 피해를 유발하는 일이 최근 들어 더 빈번하게 발생하고 있고, 동해안에서 명태는 점점 사라져 이제는 아예 자취를 감춘 지 오래다. 냉수성 어류인 명태는 차가운 한류를 타고 동해안 인근으로 내려오는 것으로 알려져 있는데, 북한 원산 앞바다가 주서식지로 북방에서 내려오는 생선이라고 해서 '북어'라고 부르기도 한다. 예로부터 생태(살아 있는 명태), 건태(말린 명태), 황태(얼렸다가 말린 명태), 코다리(코를 꿰어 반쯤 말린 명태), 노가리(명태 새끼), 게맛살(명태 살), 명란젓(명태 알), 창난젓(명태 창자), 아가미젓(명태 아가미) 등으로 활용된 대표적인 동해안 어종인 명태는 1980년대 초반에만 해도 연간 16만 톤씩 잡히던 어종이었으나 지난 2000년 이후에는 연간 1,000톤 미만으로 크게 줄더니 2008년에는 채 1톤도 어획하지 못한 것으로 나타났다. 동해수산연구소에서는 '동해안 살아 있는 명태를 찾습니다'라는 포스터를 제작해 아예 현상금까지 내걸고 있을 정도이다. 또 경북 동해안 지역의 대표 어종인 오징어 어획량도 크게 변화해서 주산지였던 울릉과 포항 지역에서는 어획량이 크게 줄어든 반면, 울진 등 일부 지역에서는 어획량이 오히려 늘어나는 극명한 대비를 보였다. 이처럼 해역별로 큰 편차를 보이는 것도 동해의 역동성과 무관하지 않을 것이다. 주로 섭씨 12~18도의 수온에 서식하는 오징어는 특히 수온변화에 민감한 어종으로 알려져 있다. 국립수산과학원의 2004년 이후 해구별 트롤어획 조사결과, 동해 저층냉수 어종(기름가자미)은 남해로, 동중국해 아열대어종은 동해로 확산되고 있음을 확인하였는데, 수온상승에도 불구하고 한류성 어종인 대구나 청어의 어획량은 오히려 크게 증가하고 있는 점은 이러한 동해의 순환변화와 관련하여 해석할 수 있을 것으로 보인다. 1960년대 이후 어획량이 급속히 줄면서 거의 생산이 중단되었던 청어 어획량의 최근 증가는 상당히 이례적이다. 이에 따라 조만간 꽁치가 아니라 청어를 말린 '전통 과메기'가 다시 등장할 것이라고도 한다.

이처럼 끝없이 계속해서 우리에게 무한한 혜택을 줄 것만 같았던 청청해역 동해에서도 최근의 기후변화와 관련하여 어종변화 등 수산자원의 변동이 일어나고 있기 때문에, 이제는 예전처럼 무분별한 남획이나 오염이 아닌, 무엇보다도 과학적 체계적 접근이 필요하게 되었다. 이러한 접근에서 가장 중요한 것은 역시 동해에 담긴 바닷물 자체의 특성(수온, 용존산소량 등)이나 해류 등을 비롯한 종합적인 해양과학 연구가 아닐 수 없다. 자원의 활용에 앞서 가장 중요한 것이 기초연구임은 이제 더 강조해도 지나치지 않을 것이다. 첨단 과학기술을 이용한 장기 모니터링 기술 등을 통해 동해 생태계와 수산·생물자원의 과학적 관리와 경영이 가능해지는 그날을 기대해본다. 바로 그것만이 동해안을 터전 삼아 살아가는 어민들과 우리들의 삶을 풍요롭게 하면서 동해의 꿈도 지속할 수 있는 길이기 때문이다.

미래 광물자원과 에너지

육상 자원의 고갈 문제에 직면한 우리에게 바닷속 용존자원이나 해저 광물자원은 큰 희망이 되고 있다. 또한 계속해서 문제가 되고 있는 화석연료에 더 이상 의존하지 않고 에너지 생산을 획기적으로 바꿀 수 있는 청정에너지원으로서도 바다가 중요한 역할을 할 수 있음을 이미 푸른행성지구 시리즈의 첫 편[68]에서 소개한 바 있다. 더 정확하게는 자원 문제 하나만 가지고도 미래 인류의 생존과 번영을 담보하고 있다고 할 수 있겠다. 예를 들어 망간, 니켈, 코발트 등의 광물자원의 경우, 그 부존량이 육상에서는 40~110년 정도인 반면 해양에서는 200~1만 년 정도로 추정되어 육상에 비해 비교할 수 없을 만큼 많아 최근의 심해저 탐사기술 발전에 따라 접근

68   남성현, 2012: 바다에서 희망을 보다, 이담북스, 116.

성이 계속해서 좋아지고 있는 등 전망이 밝다.

전 세계 50여 곳에 퍼져 화석연료의 2배인 총 250조m³의 매장량을 가지고 있다는 일명 '불붙는 얼음' 가스 하이드레이트(Gas Hydrates)의 경우, 푸른행성지구 시리즈의 첫 편[69]에서도 소개한 것처럼 육지에 묻혀 있는 기존 천연가스 매장량의 100배인 10조 톤 규모가 고압-저온의 바닷속에 저장되어 있는 것으로 추산되고 있으며, 특히 동해에서도 2000~2004년 한국지질자원연구소, 한국가스공사, 한국석유공사의 조사결과 총 9,000km²에 달하는 영역에서 가스 하이드레이트가 매장되어 있는 것으로 추정되어 그 개발 가능성이 주목되고 있다. 울릉도-독도 근해의 수심 1,500m 되는 곳에 액화천연가스(LNG)로 환산하면 6~20억 톤 가량이 매장되어 있는 것으로 추정되는데, 6억 톤의 가스 하이드레이트만 하더라도 짧게는 30년 길게는 100년 동안 쓸 수 있는 자원을 제공하며, 금액으로는 252조 원의 수입대체 효과를 얻을 수 있을 것으로 평가되고 있다. 또 동해에서 발견된 가스 하이드레이트는 99% 정도가 메탄으로 되어 있어 상업성[70]까지도 갖추고 있다고 한다.

가스 하이드레이트는 천연가스의 주 구성성분이 메탄인 관계로 '메탄 하이드레이트'로 불리기도 하는데, 이는 메탄을 주성분으로 하는 천연가스가 얼음처럼 고체화된 고체메탄이라고 할 수 있다. 이는 심해의 고압-저온 환경조건에서 고체상 격자(Hydrogen-bonded solid lattice) 내에 객체분자(Guest molecule)인 가스분자가 포획되어 형성된 것으로 영구 동토지역과 심해저

Part 5. 자원의 보고 동해

---

69   남성현, 2012: 바다에서 희망을 보다, 이담북스, 116.

70   일반적으로 메탄 함유량이 많을수록 상업성이 높다.

의 퇴적층에 존재하고 있다고 한다. 세상에 알려진 것은 오래전이지만 원유나 천연가스가 충분했고 개발기술이 부족했던 과거에는 주목받지 못하다가 최근 청정에너지에 대한 수요가 늘어나면서 큰 관심을 받게 되었다. 석탄이나 석유에 비해 하이드레이트는 연소 때 발생하는 이산화탄소가 적어 자체로도 훌륭한 청정에너지원이지만 다른 한편으로는 석유자원이 묻혀 있는 여부를 알려주는 '지시자원'이기도 하다. 21세기 에너지로 주목받는 하이드레이트는 막대한 매장량에도 불구하고 아직까지 개발기술이 초보단계라 러시아를 제외하고는 아직 상업적 생산이 이루어지지는 않고 있는데, 일본의 경우만 그나마 2013년부터 시험생산 예정이다.

가스 하이드레이트 외에도 동해에는 망간 단괴나 인산염암도 부존하는 있는 것으로 추정된다. 특히 해저화산, 해저산, 해양대지, 대륙붕 인접 대륙사면 등에서 발견되는 인산염암은 동해 수심 500~1,000m 해저에 국내 수요량으로 50년 이상을 공급할 수 있는 2억 톤 이상이 부존된 것으로 추산된다. 또 독도 북쪽의 한국대지 사면에는 인산염암이 해저면에 노출되어 있는데, 오산화인(P_2O_5) 함량이 30%에 이르고 층상으로 형성된 인산염암의 두께가 약 20m에 이르러 경제적 가치도 충분히 있는 것으로 평가되고 있다. 인산염광물은 무공해 천연비료의 원료나 기초소재로 활용될 수 있는데, 국내 인광석 수요는 연간 152만 톤으로 현재 전량을 수입에 의존하고 있는 형편이다.

또 해저에 매장되어 있는 자원을 찾아내고 추출해내는 기술 못지않게 중요하고 새로이 각광을 받고 있는 기술이 온실가스의 하나인 화력발전소나 제철소 등에서 대량 배출되는 이산화탄소를 포집해 해양 퇴적층에 영구 저장시키는 이산화탄소 포집저장(이하 CCS, Carbon Capture and Storage) 기술이다(그림 5-2). 올해(2012년) 국토해양부는 이산화탄소를 51억여 톤가량 영구 저장할 수 있는 해저지중 저장소에 적합한 지층을 동해 울릉분지 남서부 주변 해역에서 확인했음을 밝힌 바 있다. 울산 동쪽으로 60~90km 떨어진 대륙붕 인근에 퇴적층 깊이가 800~3,000m 되는 이산화탄소 저장후보지를 발견한 것이다. 이번에 울릉분지에서 확인된 지층의 가스 저장 용량은 이산화탄소를 150년 이상 저장할 수 있는 규모라고 한다. 국제에너지기구(IEA, International Energy Agency)에 따르면 2050년에는 전 세계 이산화탄소 감축량의 19%가 CCS 방식으로 처리될 것으로 전망하고 있으며 세계 각국은 CCS 보급을 위한 대규모 실증사업을 벌이고 있는 상황이다. 가스주입이 용이한 일정 수준 이상의 압력과 퇴적물 입자 간 틈새 비율이 확보되어 있어야 하고, 주입된 가스가 누출되지 않도록 진흙 퇴적층이 상부에 존재해야 하는 등 대규모 이산화탄소 저장소를 만들 수 있는 지층이 갖추어야 할 조건이 까다로운 점을 고려할 때, 울릉분지에서 적합한 지층을 확인해낸 결과는 매우 고무적인 일로 보인다.

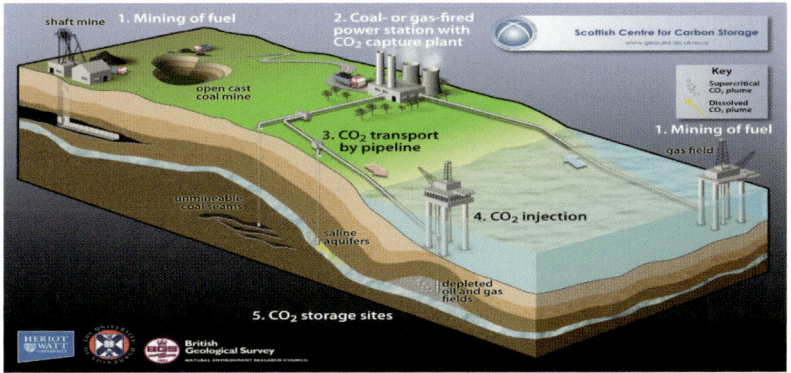

그림 5-2 이산화탄소 포집저장(CCS, Carbon Capture and Storage) 과정의 주요단계를 모식적으로 나타낸 그림

[출처: Scottish Carbon Capture & Storage, School of GeoSciences, University of Edinburgh[71]]

해양심층수 역시 수심이 깊고 대륙사면의 경사가 급한 동해에서 그 개발 가능성이 큰 특화자원이라 할 수 있다. Part 3에서 소개한 바와 같이 엄밀한 해양학적 의미의 동해심층수(East Sea Deep Water)는 수심 1,500m보다 깊은 수심에 존재하는 온위[72] 섭씨 0.12도 이하, 염분 34.067~34.070의 수괴를 의미하지만(표 3-1), 이와 달리 일반에서는 흔히 수심 200m 이하의 무기 영양염이 풍부한 해수를 해양심층수 개념으로 사용하고 있다. 해양심층수는 각종 미네랄과 영양염류가 풍부하고 세균이 없는 청정수로 식품, 건강, 미용, 농수산, 관광, 에너지 등 다양한 분야에서 활용 가능한 고부가가치 해양자원으로 각광받고 있다. 동해안의 경우 비교적 멀지 않은 10~20km 거리에서 200m 이상의 깊은 수심에 도달할 수 있기 때문에 울릉도와 더불어 해양심층수 개발에 유리한 조건을 갖추고 있다. 울릉군에서는 이미 지난 2004년 12월에 북면 현포리에 취수관을 설치하고 해양심층수 취수에 성공한 바 있고, 2005년에는 식품 브랜드 '심해원(深海園)'을 개발하고 첫 상품으로 고품격 소금제품을 출시하였으며, 작년(2011년)부터는 '청아라(푸른 바다라는 순수 우리말)'라는 이름의 음용수가 대량생산하여 시판에 들어가는 등 이미 활발히 해양심층수를 활용하고 있는 중이다. 또 경상북도에서도 지난 2008년 '경북 해양심층수 개발 기본계획'을 수립하여 추진 중에 있으며, 울진을 심층수 연구 중심지구로 하여 심층수 연구개발 사업과 심층수 활용 바이오 식품 및 수산양식 연구개발을 구상 중인 것으로 알려져 있다. 하지만 해양심층수의 이용이 대부분 음용수 개발에 초점을 맞추고 있어 향후 해양심층수를 활용한 수산자원 증양식, 해조 숲 조

---

71   http://www.sccs.org.uk/ccsresources.

72   수심 증가에 따른 압력 증가로 나타나는 온도상승을 배제한 수온. 수심 2,000m의 경우 압력 증가로 약 0.0035℃가 높아질 수 있다고 한다.

성, 냉방 등 에너지 활용 등 보다 적극적인 활용이 필요하다.

해양심층수와 함께 농수산업의 부가가치 제고와 해양에너지 개발에 유용성이 높은 원전 온배수도 동해의 활용 가능한 자원이라 할 수 있다. 원자력발전소에서 냉각수로 사용되어 배출된 해수는 자연해수보다 수온이 섭씨 6~7도 정도 상승되어 있기 때문에 농수산업 등에서 열원으로 활용이 가능한데, 특히 국내 원전 20기 중에서 10기의 원자로가 위치하고 있고 4기가 추가 건설되고 있는 동해안 지역이 원전 온배수 활용에 유리하다고 볼 수 있다. 울진과 월성 두 원자력발전소에서 초당 200톤의 온배수가 방출되고 있는데, 특히 월성 원전에서는 온배수양식장을 만들어 민간기업에 위탁, 주요 수산 어패류의 종묘를 양식하고 자체 생산한 어류와 전복치패 등을 인근해역에 방류하고 있다. 아직까지 해양심층수와 온배수의 이용 및 산업화는 초기단계에 있지만 기술개발에 따라 향후 그 활용이 증대될 것으로 기대된다.

어느 해역보다 바람, 파도, 태양광 등 해양에너지원의 자연적 조건이 우수한 동해안에서는 해양에너지 발전기술도 그 전망이 밝은 편이다. 21세기 신해양시대에는 청정에너지가 국부를 창출할 것으로 기대되면서 미국, 일본, 독일, 영국 등 선진국들은 이미 바다에서 청정에너지 찾기에 열을 올리고 있으며 산업자원부가 완료한 '신재생 에너지 RD&D 전략 2030 보고서'에 따르면 한국 연안 역에는 파력 650만kW, 조력 650만kW, 조류 100만kW를 포함해 총 1,400만kW의 에너지 자원이 존재하는 것으로 조사되었다. 이는 원자력발전소 14기가 생산하는 전력량에 해당할 정도이다. 그중에서도 동해안에서는 파력에너지, 해상풍력에너지, 해양바이오에너지, 해수온도차에너지 등이 가능성 높은 해양에너지원이라 볼 수 있다.

동해안은 전반적으로 파랑에너지 밀도가 높아 파력발전 활용 가능성이 있는데, 아쉽게도 비록 완파되었지만 한국해양과학기술원은 지난 2001년에 이미 부유식 진동수주형 파력발전장치인 주전A호를 개발, 울산 동남방 해상에 설치했던 바 있다. 아직까지 기술개발이 완료되지 않은 비교적 미개척분야이기 때문에 파력발전은 기술개발 여부에 따라 향후 동해에서의 활용도 기대해볼 수 있을 것이다. 최근 포항 앞바다에서 파력발전 실험이 다시 시도될 예정이어 그 기대가 크다. 북서풍과 남동풍이 우세한 동해 연안에서는 해상풍력발전의 지정학적 입지요건도 우수한 편인데, 특히 죽변의 경우에는 풍력에너지 밀도가 476W/m³으로 풍력등급 4등급에 해당되어 경제적 수익성이 보장될 수 있다고 한다. 또 남해안이나 서해안에 비해 대형 해조류 혹은 미세조류를 대규모 배양하기 위한 영양염류 등의 자연조건은 좋지 않으나 광합성에 필요한 태양광의 경우에는 전국 평균보다 높은 일조량을 가지고 있기 때문에 해양 바이오 에너지 산업도 기대가 가능하다. 동해에서는 대형 해조류를 생산할 수 있는 가용 면적이 넓고 양식어장은 적은 편인데다가, 바이오 에탄올 생산을 주 대상으로 하는 대형 해조류들은 수온이 비교적 낮은 냉수에서 성장이 빠르기 때문에 연안용승 등이 활발한 동해안이 유리하다. 마지막으로 해수 온도차 발전은 섭씨 약 20도 정도의 온도차를 필요로 하기 때문에 한국 주변해역에서는 동해가 거의 유일한 가능성이 있는 해역이다. 특히 제4장에서 살펴본 것처럼 동해안에는 북한한류수(North Korean Cold Water)나 대한해협 저층냉수(Korea Strait Bottom Cold Water)와 같은 매우 찬 해수가 고온의 대마난류수 바로 아래에 위치하고 있는데다가, 또 울진과 경주 앞바다에서는 섭씨 18도 이상의 원전의 온배수도 연중 방출되기 때문에 해수온도차 발전도 검토해볼 만하다.

이제 막 태동기를 맞고 있는 청정 해양에너지 사업 활성화를 위해서는 바다에 분포하고 있는 바람, 파랑, 조류, 조석, 수온 등의 물리적 에너지를 전기에너지로 바꿀 수 있는 최첨단 기술들도 필요한 것이 사실이지만 그에 못지않게 아니 어쩌면 그보다 더 중요한 것은 무엇보다도 실제 바다의 환경조건을 이해하고 가장 효율적으로 손쉽게 시스템을 적용할 수 있는 방법과 입지조건을 파악하는 것이다. 역시 자원 활용에 앞선 기초연구의 중요성이 강조되어야 할 것이다. 앞 장에서 살펴본 동해의 역동성을 이해하면 이해할수록 더더욱 활용가능성과 부가가치가 큰 청정 에너지원을 찾아낼 수 있을 것이기 때문이다. 아는 만큼 보이기 마련이다. 아직 우리는 동해를 충분히 알고 있다고 말하기가 매우 어렵다. 첫 장에서부터 계속해서 다룬 것처럼 본격적으로 동해를 활용하기 위해서는 먼저 동해에 대해 제대로 '알아야' 할 필요가 있다. 바다는, 그리고 동해는 풍경이 아닌 탐구의 대상이다.

Part **6**

동해에서 앞으로
벌어질 일들

동해의 장기변화 시나리오

동해 환경의 예측과 예보

Part 6. 동해에서 앞으로 벌어질 일들

푸른행성지구 시리즈의 첫 편[73]에서 '나비효과'(한 곳에서 나비의 날갯짓과 같은 작은 변화가 다른 곳에서의 거대한 효과를 일으킬 수 있을 정도로 그 불확실성이 큼을 의미)를 통해서도 알려져 있는 지구과학 문제의 예측 불확실성을 언급한 바 있지만, 그럼에도 불구하고 과연 동해에서 앞으로 어떤 변화를 보게 될 것인가 하는 궁금증에 대한 실마리를 제공해주는 것도 가장 가능성 높은 결과를 바탕으로 예측을 시도하는 과학이 풀어내는 또 하나의 혜택이라 하지 않을 수 없다.

여기서는 그동안 동해에 취한 과학자들의 선구적 노력으로 알게 된 새로운 과학적 사실들에 근거하여 가장 높은 가능성으로 예상하는 동해의 장기변화 시나리오와 동해 환경을 예측 · 예보하기 위해 시도되고 있는 수치모델링 및 자료동화 등의 노력을 소개하려고 한다.

동해의 장기변화 시나리오

동해 곳곳에서 최근의 기후변화와 관련된 변화들이 감지되고 있음은 이미 여러 차례 언급하였다. 특히 '크림스' 과학자들의 선구적 연구결과로 동해에서는 거의 전 수심에 걸친 수온의 증가가 일어나고 있으며 이와 동시에 용존산소는 수심별로 그 증가와 감소가 바뀌는 구조적 변화가 수반됨을 알게 되었다. 즉, Part 3에서 살펴본 것처럼 영화 <투모로우>의 시

---

73   남성현, 2012: 바다에서 희망을 보다, 이담북스, 116.

나리오대로 북쪽에서 형성되는 차갑고(따라서 주위보다 무거워 가라앉게 되는) 용존산소가 높은 바닷물이 예전처럼 더 깊은 수심에까지 미치지 못하고 점차 중층으로만 국한되는 형태로 동해의 컨베이어벨트 시스템이 약화되고 있는 중으로 보인다. 실제로 독도 해역 심층에서 보고된 수온상승 비율이 100년에 섭씨 0.17도로 대양의 수온상승 비율인 100년에 섭씨 0.08도에 비해 빠르게 나타나고 있는 등 전 세계 많은 해양생태계들 중에서 가장 빠른 수온증가를 경험하고 있는 해역이 동해 생태계이다. 이런 이유로 일부 과학자들은 순환주기가 100년에 불과[74]한 동해에서는 100~350년 후에 심해가 무산소 상태인 '죽음의 바다'로 변할 우려를 제기하기도 했다. 그러나 한국해양과학기술원 강동진 박사 등에 따르면 이러한 예측은 신빙성을 가지기 어렵다고 한다. 동해 저층의 용존산소 농도가 점점 줄고 있는 것은 사실이지만 동해의 역동성을 고려하지 않았기 때문이다. 동해를 경계가 움직이는 상자모형으로 가정하여 연구한 결과에 따르면, 심층의 산소가 고갈되기 전에 해수순환에 의해 산소가 풍부한 새 수층구조의 두께가 늘어날 수 있고, 특히 용존산소 농도가 오히려 증가하고 있는 중층의 수괴[75]가 심층을 채우게 되면 무산소 환경이 아니라 산소가 풍부한 환경으로 남아 있을 것으로 예상할 수 있다는 것이다(그림 6-1). 그러나 동해의 층별 수괴구조와 그 역동성을 고려할 때 현재의 자료만으로 섣불리 미래를 예측하는 것에는 다소 무리가 있어 보인다.

---

74   학자들은 태평양은 2천 년의 순환주기를 가지는 것으로 보고 있다.

75   동해중앙수(East Sea Central Water), 표 3-1, 표 3-2 및 그림 3-4 참조.

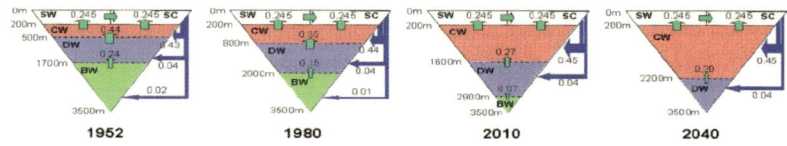

그림 6-1 움직이는 경계를 가진 상자모형으로 동해 수괴의 분포와 그 미래를 예측한 연구결과 SW, SC, CW, DW, BW 각각은 표층난수, 표층냉수, 중앙수, 심층수, 저층수를 의미하며 1952년, 1980년, 2010년, 2040년에 각 수괴들의 수심별 분포와 부피 및 수괴 생성(우측 화살표) 관계를 나타내고 있다.

[출처: Kang et al., 2003[76]]

앞에서도 언급한 것처럼 기후변화와 관련된 동해의 변화는 물리적인 과정에만 국한된 것이 아니다. 대기 중 온실가스 농도와 더불어 바닷속에 흡수되는 탄소 농도가 함께 증가하며 발생하는 해양산성화로 동해에서도 그 생태계 영향을 우려하는 목소리가 점점 높아지고 있다. 푸른행성지구 시리즈의 첫 편[77]에서도 소개한 것처럼 해양산성화는 먹이사슬 하층부를 이루는 갑각류 유생의 탄산칼슘 골격을 녹여 집단폐사에 이르게 할 수 있는 등 생태계를 크게 교란하기 때문에 최근 이에 대한 연구가 전 세계적으로도 활발한데, 온난화로 동해에서는 수직적인 순환에 장애가 생기면서 이산화탄소 흡수량이 급감하는 등 탄소순환에 뚜렷한 변화가 감지되고 있다. 동해가 대기 중의 이산화탄소를 잘 흡수하지 못하게 되면 대기 중 이산화탄소 농도를 더욱더 증가시킬 수 있기 때문에 특별한 주의가 필요하며, 특히 지구촌에서 인간 활동의 영향을 가장 많이 받는 5곳 중의 하나일 정도로 이산화탄소 배출량이 높기 때문에 산성화에 대한 장기적인 예측과 체계적인 연구를 필요로 하고 있다.

76   Kang, D.-J., S. Y. Park, Y.-G. Kim, K. Kim and K.-R. Kim, 2003, A moving-boundary box model(MBBM) for oceans in change: A application to the East/Japan Sea, Geophysical Research Letters, 30(6), doi:10.1029/2002GL016486.

77   남성현, 2012: 바다에서 희망을 보다, 이담북스, 116.

전 세계 주요 해양 생태계 중에서 수온상승률이 가장 높은 생태계 중의 하나인 동해에서 기후변화로 나타나고 있는 현저한 어종변화나 급격한 수산자원의 감소 등은 앞으로 일어날 동해의 장기적인 변화와 관련하여 지속적인 모니터링이 필요함을 알려주고 있다. '명태'가 사라지고, '자리돔' 같은 아열대 어종이 북상하는 등의 변화는 동해 생태계를 구성하는 환경조건이 지속적으로 변화하고 있기 때문이며 또한 동해의 역동성 때문에 시시각각 곳곳에서 다른 변화들이 감지되기 때문이다. 보다 높은 가능성으로 동해의 장기변화를 예측하기 위해서는 보다 많은 자료와 모니터링이 필요할 것이다. 바로 다음에서 소개할 해양모델링 기술에 이러한 자료들을 동화하는 기술이 적용될 때에 우리는 가능성 높은 동해의 미래를 예측할 수 있게 될 것이다.

동해 환경의 예측과 예보

장기적으로 동해에서 벌어질 일들을 예측하는 것 이외에도 당장 내일, 다음 달, 내년에 동해 내의 특정 바다에서 어떤 일들이 어떻게 벌어질지 알아내는 일도 동해와 같은 역동적인 바다에서는 쉬운 일이 아니다. 그러나 동해환경을 거의 실시간으로 예측 · 예보해야 할 필요성과 이에 따른 해양모델의 중요성은 이미 크게 대두되고 있으며 이미 현업에서 해양모델 없이는 불가능한 분야들이 많이 생겨나고 있다. 동해에 투기한 해양 쓰레기들로 인한 오염을 모니터링하고 관리하기 위해서도 그 영향을 예측하는 일이 중요할 것이며, 특히 러시아 극동 해군이 그동안 동해에 폐기한 액체 핵물질이나 고체 핵폐기물을 담은 드럼통의 부식 가능성, 2007년 12월 태안에서 발생한 허베이스피리트 호와 같은 대규모 기름유출 사고 가능성, 날로 대형화되고 있는 선박들의 사고 가능성, 또 지진, 해일, 태풍 통과나 홍

수 등의 자연재해 · 재난 등 여러 위협 요소들이 상존하고 있는 상태에서 유사시에 어떤 환경변화가 나타날지를 예측 · 예보하는 노력이 중요함은 두말할 필요가 없을 것이다. 당장 최근 있었던 동일본 대지진으로 파괴된 핵발전소에서 유출된 방사능 성분이 어떤 경로로 얼마 동안의 시간이 걸리며 어느 해역에 도달할지를 알기 위해서도 해양모델을 개발하는 것은 중요하다. 또한 해양모델은 날로 강력해져가는 태풍의 발생과 이동경로를 예측하고, 그 태풍 통과로 인한 해일이나 그외 지진해일 등에 따른 침수를 예측하는 일도 가능케 한다. 나아가 한반도 기후변화 파악을 위한 동해 해양모델의 개발도 중요하고, 생물 · 수산자원의 효과적인 관리를 위해서도 절대적으로 필요한 것이 해양모델과 이를 사용하는 예측 · 예보일 것이다.

기상청을 비롯하여 국립해양조사원, 국립수산과학원, 한국해양과학기술원(구 한국해양연구원), 국방과학연구소 등 유관기관들에서는 고유 임무의 성격에 맞도록 자체 해양모델들을 개발하고 있거나 이미 일부 현업에 활용하고 있는 등 해양 예측 · 예보를 위한 노력을 진행 중이다. 최근에는 특히 불필요한 예산낭비를 막기 위해 이들 유관기관들이 학계 차원에서 협력하고, 장단점을 살려 기능 · 기술들을 조정하려는 움직임도 보여 매우 바람직해 보인다. 특히 기상청은 2012년 7월부터 기상청 홈페이지를 통해 한반도 주변 해역과 동북아시아 해역의 3차원 해류, 수온, 염분에 대한 3일 해양예측정보를 서비스[78]하고 있는데(그림 6-2), 이러한 해양 예측 · 예보 노력은 또한 삼면이 바다인 한반도에서 해무, 폭우, 폭설과 같은 해양기인성 기상재해에 대응하는 단기예보나 기후변화에 대응하는 중장기 기후예측 모두의 정확도를 높이는 데에도 도움이 될 것으로 기대된다.

동해, 바다의 미래를 품다 · 과학이 담아는 동해의 가치와 미래

---

78   기상연구소 해양기상과 서장원 과장 혹은 지구환경시스템연구과 류상범 과장.

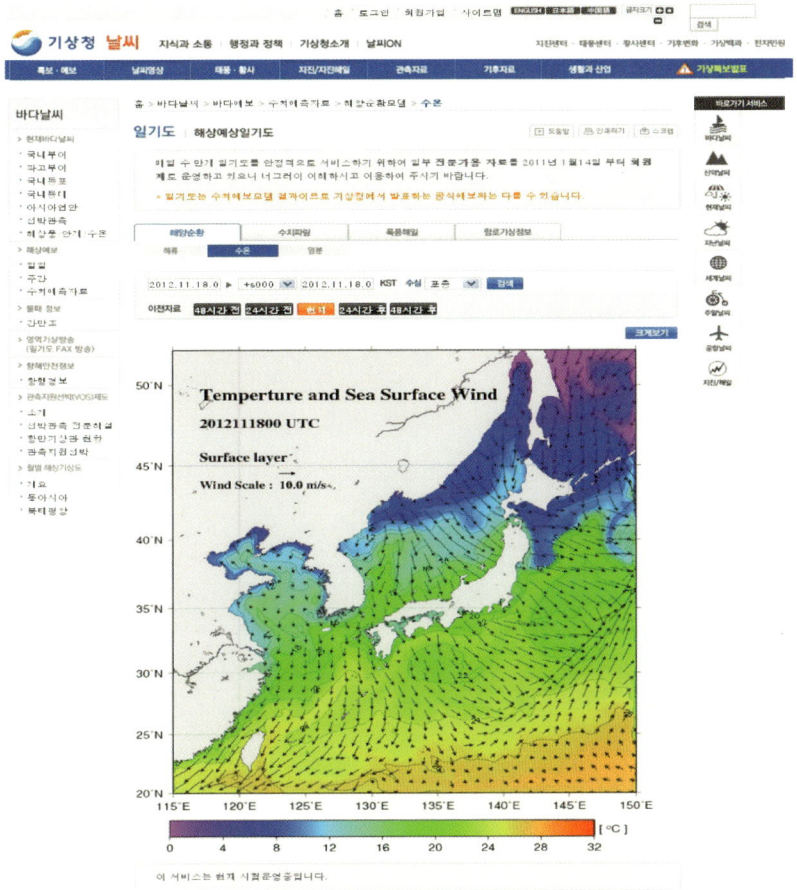

그림 6-2 2012년 7월부터 기상청 홈페이지를 통해 서비스되고 있는 한반도 주변 해역과 동북아시아 해역의 3차원 해류, 수온, 염분에 대한 3일 해양예측정보의 예(2012년 11월 18일 표층 수온과 해상풍)

이러한 해양환경 예측 · 예보모델은 지구유체역학 수치모델링을 통해 단순히 슈퍼컴퓨터를 통한 수치적 계산만을 하는 것이 아니라 실제로 현장에서 관측되고 있는 자료들을 동화하여 사실에 가깝도록 구현하고 있으며, 예보 정확도라는 측면에서 이 부분이 가장 중요하다고 볼 수 있다. 기상예보에서도 비슷하게 자료 동화 노력을 기울이고 있는데, 관측이 비교적 용이한 대기와 달리 해양에서는 관측 자료가 절대적으로 부족하기 때문에 자료 동화 기술과 더불어 실제로 현장에 얼마만큼의 자료가 가용한지 여부가 종종 관건이 된다. 따라서 이론적인 해양모델링 연구가 아닌 현업에 사용할 목적의 해양모델에서는 현장에서 수집되는 관측 자료에 다시 의존하지 않을 수 없는 현실이다. 따라서 인공위성이나 무인로봇 기술을 활용한 다양한 관측 플랫폼들을 통해 특히 실시간으로 각종 첨단 관측 자료들을 수집하는 노력을 지속하는 것은 동해의 역동성을 이해하는 것뿐만 아니라 동해 환경의 정확도 높은 예측·예보를 위해서도 매우 중요하다고 할 수 있겠다.

Part **7**

나아가야 할 길

Part 7. 나아가야 할 길

지금까지 탐구의 대상인 동해에서 많은 선구적 해양과학자들의 땀방울로 조금이나마 알게 된 동해의 과학적 연구결과들을 극히 일부나마 소개하였다. 그러나 아직도 여전히 우리는 동해에 대해 많은 것을 알고 있다고 말하기 어렵다. 지금으로부터 80여 년 전 우다(M. Uda)가 최초로 수행했던 동해에 대한 대대적인 종합해양관측 연구로부터 시작해서 크림스 프로그램을 통한 동해의 여러 수괴들과 순환 재발견, 미 해군의 전무후무한 대대적 연구비 투입을 통한 동해의 역동성 파악 등은 단지 동해를 알아가는 노력을 시작한, 이제 막 걸음마를 뗀 어린아이에 비유할 수 있을 것이다. 동해를 더 잘 감시·모니터링하며 그 속에서 동시다발적으로 벌어지고 있는 수많은 현상들을 이해하고, 나아가 생물·수산·광물자원과 해양 청정에너지를 보다 잘 활용할 수 있는 길이나 동해에서 앞으로 벌어질 일들을 보다 정확히 예측·예보하는 길을 찾아가는 노력들이 앞으로 지속되어야 할 것임은 너무나도 자명하다.

Part 2에서 소개한 국내 대학들(서울대, 포스텍, 부산대, 전남대, 부경대 등)이 중심이 되어 활발한 국제협력을 통한 좋은 성과를 거두고 있는 '동아시아 해양 시계열 프로그램(EAST, East Asian Seas Time-series)'과 한국해양과학기술원이 보유한 임해 연구 입지조건(경북 울진의 동해연구소, 울릉도에 위치한 울릉도독도해양연구기지)을 최대한 활용한 한국해양과학기술원의 동해 해양환경 및 생태계 변동 감시체제 구축사업은 이러한 노력의 좋은 예라고 할 수 있다. 동해의 통합 시계열 감시망을 구축하여 동해에서 단기변동을 모니터링하고 이를 지속적으로 유지함으로써 장기적인 변화를 이해 나아가 예측할 수 있

126

동해, 너를 부른다 바다거문고가 말하는 동해 이야기

기 때문이다. 이를 통해 동해에 산적한 수많은 과학적 문제들을 해결하며 동해를 제대로 활용할 수 있는 길을 모색할 수 있을 것임은 물론이다. 나아가 동해의 모니터링은 미국을 비롯한 각국 해양과학자들이 찾아올 정도로 전 세계적인 기후문제의 연구를 위해서도 중요하다.

해양강국을 표방하고 최근 본격적으로 해양산업에 투자를 시작하려고 하는 대한민국의 요즘, 일찍이 동해를 탐구의 대상으로 여기고 선구적인 노력을 통해 동해의 비밀들을 풀어내기 시작한 '동해에 취한' 과학자들의 노력과 그들이 밝혀낸 과학적 사실들을 이해하려는 노력이 중요한 때가 아닌가 한다. 동시에 동해를 더 잘 알고 이해하고 활용하기 위해 장기적인 안목으로 새로운 비전을 수립해야 할 때이기도 하다. 푸른행성지구 시리즈의 첫 편[79]에서도 소개한 바 있지만, 1903년에 설립된 세계 최고(最古)의 해양연구소인 미 스크립스 해양연구소[80]에서는 FLIP(FLoating Instrument Platform)이라는 이름의 독특한 관측 플랫폼을 운영하고 있다. 특정 바다 한가운데에서 90도로 꺾어서 세워질 수 있도록 설계된 유일무이한 것인데, 이들이 수중음향연구를 위해 FLIP를 진수한 것이 1962년으로 이미 50년 전에 독특한 발상으로 이 같은 걸작품을 만들어낸 것이 매우 놀랍기만 하다. 동해를 과학적으로 경영하며 평화와 번영의 바다로 만드는 것은 바로 다른 어떤 것도 아닌 바로 과학을 통해서일 것이다. 미래로부터 빌려온 자연 그리고 동해, 그 동해의 풍족함을 다음 세대가 오래도록 누리게 하는 것도 온전히 우리 세대의 몫임에 분명하다.

79   남성현, 2012: 바다에서 희망을 보다, 이담북스, 116.
80   이후 1959년에는 이 연구소를 모체로 캘리포니아대학 샌디에이고 캠퍼스(UCSD, University of California, San Diego)가 캘리포니아대학(UC) 중 7번째로 설립되었다. 처음에는 Nation's first multidisciplinary oceanographic institution으로 불리다가 이후 명칭이 Scripps Institution of Oceanography로 변경되었다.

에필로그

작년 푸른행성지구 시리즈를 처음 기획하면서 첫 번째 책 『바다에서 희망을 보다』(이담북스)를 출간했다. 이를 시작으로 전반적인 해양과학의 중요성뿐만 아니라 동해, 황해, 동중국해 등 실제 개별 바다에서 벌어지고 있는 해양학적 현상들과 이를 알아내기 위한 과학적 활동들을 소개하려고 마음먹었다. 그중 애국가 1절 첫 단어로 등장할 만큼 우리들에게 의미심장한 바다인 동해 편이 『동해, 바다의 미래를 묻다』라는 제목으로 세상에 나오게 되었다. 가능하면 많은 해양현상들과 다양한 에피소드들을 포함하려고 노력하였음에도 불구하고, 여전히 저자들의 제한된 경험과 현재까지 수집 가능했던 자료들에만 의존하다 보니, 단지 빙산의 일각이라 할 만큼 지극히 제한된 연구결과만을 소개할 수밖에 없었던 아쉬움이 남았다.

이번 두 번째 책을 준비하는 과정은 저자들 스스로에게도 동해의 해양과학적 연구가 가지는 중요한 의미를 새삼 되새기면서, 동해의 신비를 벗겨내는 최전방에서 지금도 묵묵히 연구를 수행 중인 해양학계의 모든 동료들에게 더욱더 감사한 마음을 가질 수 있는 기회가 되었다. 동해로 직접 나아가 자료를 수집하고 분석하거나 모델·이론을 동해에 적용하며, 새로운 발견을 위한 시도를 끊임없이 진행하고 있는 '동해에 취한' 모든 과학자들에게 깊이 감사드린다. 동시에 계속해서 제2, 제3의 동해 이야기를 소개해주었으면 하는 마음 또한 간절하다.

그동안 어려운 여건하에서도 호기심과 도전정신으로 새롭게 밝혀낸 선구적인 동해 연구자들의 해양 과학적 유산들이 뿌리가 되어 동해에서 과거에 일어났던, 그리고 지금 일어나고 있는, 또 앞으로 일어나게 될 수많은 현상들 속에 감추어진 신비들이 하나씩 그 모습을 드러내길 기대해본다. 바로 여기에 동해를 진정한 우리 바다로 만드는 길이 있음을 저자들은 확신한다. 어느 누구보다 동해를 철저히 더 잘 알고 더 잘 활용하고, 동해와 더불어 미래를 열어가는 동해의 진정한 주인이 되는 그날을 기대하며, 이 책이 동해의 과학적 연구에 대한 인식을 제고하고, 대한민국이 동해를 가장 잘 활용하며 더욱 많은 새로운 도전들을 창출하는 데에 도움이 되었으면 한다.

남성현

서울대학교 자연과학대학 지구환경과학부에서 해양학을 전공하고 동 대학교 대학원에서 해양물리학으로 석사와 박사 학위를 받았다. 박사 학위 후에는 국방과학연구소 제6기술연구(해상·수중 무기체계개발)본부에서 대한민국 해군을 위한 해양연구를 수행하였으며, 현재는 미국 스크립스 해양연구소에서 기후와 해양물리학 및 해양생태학 관련 연구 프로젝트들을 수행 중이다.

1999.2   서울대학교 지구환경과학부(해양학 전공) 학사
2001.2   미국 오리건주립대학교 해양기상과학대학 방문연수
2001.8   서울대학교 지구환경과학부(해양학 전공) 석사
2003.6   미국 로드아일랜드대학교 해양대학원 방문연수
2006.8   서울대학교 지구환경과학부(해양학 전공) 박사
2006.10~2008.11   국방과학연구소 제6기술연구본부 연구원
2008.12~현재   미국 스크립스 해양연구소 연구원 · 해양과학자

이메일: sunam@ucsd.edu 또는 namsh6513@gmail.com

김윤배

한국해양대학교 해양공학과를 마치고 부산대학교 해양과학과에서 석사 학위 후, 「울릉도-독도 주변해역 심층해류 장주기 변동특성 규명」으로 서울대학교 대학원에서 박사 학위를 받았다. 포항공과대학교 해양대학원에서 책임연구원으로 근무하였고, 현재는 한국해양과학기술원 동해연구소에서 동해 해수순환에 관한 연구를 진행하고 있으며, 울릉도 현포에 위치한 울릉도독도해양연구기지 상주연구원으로 울릉도 및 독도 해역 해수순환 연구를 중점적으로 수행할 예정이다.

1996.2   한국해양대학교 해양공학과 학사
1998.3   천리안 PC통신 동호회 독도사랑동호회 회장
2001.9   해양수산부 국회 독도자료실 해양수산분과 운영위원
2002.2   부산대학교 해양과학과 석사
2006.1   미국 로드아일랜드대학교 해양대학원 방문연수
2007.1   발해해상항로 학술뗏목대탐사대 '발해1300호' 기념사업회 학술위원
2008.8   서울대학교 지구환경과학부(해양학 전공) 박사
2009.10~2011.12   포항공과대학교 해양대학원 선임 · 책임연구원
2011.1~현재   한국해양모니터링협의회 간사
2012.6~현재   한국해양과학기술원 동해연구소 선임기술원

이메일: dokdo512@kiost.ac

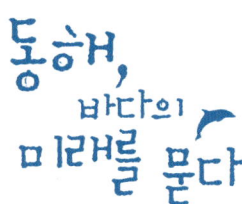

초판발행	2013년 3월 15일
초판3쇄	2019년 1월 11일

지은이	남성현 · 김윤배
펴낸이	채종준
기획	지성영
편집	김소영
표지	홍은표

펴낸곳	한국학술정보(주)
주소	경기도 파주시 회동길 230 (문발동 513-5)
전화	031) 908-3181(대표)
팩스	031) 908-3189
홈페이지	http://ebook.kstudy.com
E-mail	출판사업부 publish@kstudy.com
등록	제일산-115호(2000.6.19)

ISBN	978-89-268-4161-7 03530 (Paper Book)
	978-89-268-4162-4 05530 (e-Book)